A hombros de gigantes
Estudios sobre la Primera Revolución Científica

Alianza Universidad

Alberto Elena

A hombros de gigantes
Estudios sobre la Primera Revolución Científica

Alianza
Editorial

Calle Milán, 38, 28043 Madrid; teléf. 200 00 45
ISBN: 84-206-2586-8
Depósito legal: M. 6.340-1989
Impreso en Lavel. Los Llanos, nave 6. Humanes (Madrid)
Printed in Spain

INDICE

Fig. 1. A hombros de gigantes. Detalle de las vidrieras de la Catedral de Chartres.

PREFACIO

¿Por qué *A hombros de gigantes*? ¿Acaso no quedó ya suficientemente explotada tal metáfora por Isaac Newton y sus exegetas? Puede ser. Pero lo que ya no cabe olvidar, tras la apasionante indagación emprendida por Robert K. Merton (*On the Shoulders of Giants. A Shandean Postscript;* Nueva York, The Free Press, 1965), es que el famoso *dictum* newtoniano estaba lejos de ser una invención original del genial Sir Isaac. Antes bien, era un lugar común en la Inglaterra de la época, remontándose sus orígenes a comienzos del siglo XII cuando Bernardo de Chartres se sirviera de tal imagen para ilustrar su relación, y la de sus contemporáneos, con los grandes maestros de la antigüedad clásica. Figura obligada en la disputa de antiguos y modernos, algunos siglos después, los enanos aupados a hombros de gigantes fueron objeto de interpretaciones para todos los gustos y evidenciaron su versatilidad cuando Newton —cuyo sentido de la modestia no era precisamente ejemplar— inmortalizara el aforismo en una famosa carta a Hooke. Yo mismo me serví de la metáfora en uno de los trabajos que ahora se recogen en este volumen para criticar esa concepción *heroica* de la ciencia que no gusta sino de ocuparse de los gigantes. Contemplada desde ese punto de vista, la Primera Revolución Científica no es más que la brillante actuación de una *troupe* de enanos acaudillados por Newton y algunos pocos lugartenientes. Sin embargo, la opción aquí adoptada es muy diferente y —desde luego— bastante más respetuosa con el sentido original del aforismo: la Revolución Científica no fue la magna obra de un puñado de grandes figuras, sino la esforzada contribución de cientos de matemáticos y filósofos naturales en pos de una nueva imagen del universo y del más cercano mundo que les rodeaba. Así, aunque en las páginas que siguen se hable de Copérnico, Galileo o Newton (¿cómo evitarlo?), no por ello habrá que atribuirles un protagonismo excluyente en esa gran transformación intelectual que tuvo lugar en los siglos XVI y XVII. Desentenderse de esta premisa es una manera bastante eficaz de perpetuar los errores de cierta historiografía tradicional.

Hablar de la Primera Revolución Científica implica necesariamente un diálogo con la plana mayor de los historiadores de la ciencia, auténticos gigantes —por abusar una vez más de la metáfora— sobre cuyas contribuciones nos erguimos en busca de una cierta comprensión de tan complejo y apasionante fenómeno histórico. Así, el primer trabajo de este volumen tiene por fuerza que ocuparse más de *interpretaciones* que de los propios hechos. De ahí también la pertinencia de un ensayo bibliográfico que aspira a ser una modesta guía en tan frondoso bosque. En última instancia, un libro de estas dimensiones y estas características ha de optar necesariamente por la *interpretación* en vez de la *información.* La variada procedencia de los textos, aparecidos en distintas publicaciones (a cuyas respectivos editores he de agradecer su autorización para reproducirlos aquí de nuevo) entre 1982 y 1987, no debería ser óbice para encontrar en ellos una visión coherente de la Revolución Científica de los siglos XVI y XVII. Esa es al menos la razón que alienta —y espero que justifique— la presente empresa.

Pero, tenga o no justificación y sean cuales fueren sus logros, no puedo sino hacer explícito mi agradecimiento a cuantos de una manera y otra contribuyeron a que estos textos vieran la luz. Valga una escueta relación, puesto que la gratitud no requiere ornamentos: Juan Ramón Álvarez, Julio C. Armero, I. Bernard Cohen, Álvaro Delgado Gal, Ana M. Elena, Marta Fehér, Paloma Garbia, Antonio Lafuente, María Isabel Lafuente, C. Ulises Moulines, Javier Ordóñez, Jürgen Renn, Carlos Ruiz del Castillo, José Manuel Sánchez Ron, Claire Savigny, y Carlos Solís son nombres obligados en este punto. Sin ellos, en una palabra, este libro no existiría.

LA REVOLUCIÓN CIENTÍFICA: CONJETURAS E INTERPRETACIONES*

> *«Diariamente y casi minuto por minuto, el pasado era puesto al día (...) Toda la historia se convertía en un palimpsesto, rasgado y vuelto a escribir con toda la frecuencia necesaria»*
>
> GEORGE ORWELL, *1984*

Revolución Científica es hoy en día una expresión tan popular como pueda serlo *Revolución Industrial;* sin embargo, la historia de aquélla es mucho más reciente. Según todos los indicios [1], la expresión fue introducida por Herbert Butterfield en la famosa serie de conferencias de Cambridge que habrían de conformar su excelente *Los orígenes de la ciencia moderna* [2] y alcanzaría el éxito al incorporarla A. Rupert Hall en el título de su conocido manual [3]. El significado unívoco de la misma se vio, no obstante, amenazado poco después, en 1962, cuando Thomas S. Kuhn publicara su influyente *La estructura de las revoluciones científicas* [4]. El uso del plural no sólo hacía peligrar la hegemonía de *la* Revolución Científica de los siglos XVI y XVII, sino que habría de desencadenar inmediatamente una fértil controversia —todavía incon-

* Este trabajo se publica por vez primera en este volumen.

1. Véanse Marie Boas Hall, *Nature and Nature's Laws. Documents of the Scientific Revolution* (Londres-Melbourne, Macmillan, 1970) pág. 2, y Paolo Rossi, «Hermeticism, Rationality and the Scientific Revolution» [En M. L. Righini Bonelli y W. R. Shea (eds.), *Reason, Experiment, and Mysticism in the Scientific Revolution;* Nueva York, Science History Publications, 1975], pág. 248.
2. Herbert Butterfield, *The Origins of Modern Science* (Londres, G. Bell & Sons, 1949; edición castellana *Los orígenes de la ciencia moderna;* Madrid; Taurus, 1958).
3. A. Rupert Hall, *The Scientific Revolution, 1500-1800* (Londres Longmans, Green & Co., 1954; edición castellana de la segunda versión inglesa *La revolución Científica, 1500-1750;* Barcelona, Crítica, 1985).
4. Thomas S. Kuhn, *The Structure of Scientific Revolutions* (Chicago, The University of Chicago Press, 1962; edición castellana *La estructura de las revoluciones científicas;* México, Fondo de Cultura Económica, 1971).

clusa— acerca de la naturaleza del término *revolución* aplicado al desarrollo de la ciencia.

Si, como Kuhn pretendía, se habían producido diferentes revoluciones en la historia de la ciencia (o, quizá mejor, de las distintas disciplinas científicas), ¿seguía teniendo sentido emplear la expresión de Butterfield para caracterizar el proceso de constitución de la ciencia moderna? Los criterios kuhnianos, ciertamente imprecisos, no ayudaban en modo alguno a resolver el problema y no acertaban a distinguir entre revoluciones *fundacionales* y meros cambios paradigmáticos, ni tan siquiera entre micro-revoluciones y macro-revoluciones [5]. Así las cosas, y tras casi un cuarto de siglo de discusión, el reciente y espléndido estudio de I. Bernard Cohen *Revolution in Science* [6] —sin duda la más completa indagación histórica sobre el tema, aunque desde el punto de vista *filosófico* los resultados sean un tanto endebles [7]— ha acabado por devaluar el concepto hasta el punto de poder hablar de docenas de revoluciones en la(s) ciencia(s). Con Cohen, y no menos con buena parte de los filósofos e historiadores de la ciencia en activo, *revolución científica* ha pasado a ser un mero comodín, peligrosamente vago, para referirse a cuanto de dramático, heroico o importante ha acontecido en la historia del conocimiento científico.

No es éste, sin embargo, el lugar adecuado para revisar la obra de Kuhn y de sus exégetas; tampoco creo que hacerlo nos llevara demasiado lejos. El *impasse* de la filosofía de la ciencia en la década de los ochenta no tiene por que repercutir en los trabajos de los historiadores, siendo las suyas disciplinas ciertamente emparentadas, pero a la postre autónomas. Así, al menos, parece haberlo entendido Stephen G. Brush [8] al reivindicar —al margen de la filosofía de la ciencia y de su obsesiva búsqueda de criterios de identificación— la existencia de tan sólo dos grandes revoluciones en la historia de la ciencia: la primera, cualificada ahora por un ordinal, sería la famosa transformación intelectual que tuvo lugar en los siglos XVI y XVII; la segunda vendría, según Brush, a caracterizar al no menos complejo y espectacular cambio experimentado por la práctica totalidad de las disciplinas científicas en-

5. Del alcance de este problema, contemplado en el ámbito de la geología moderna, me hice eco con más detalle en «¿Revoluciones en geología? De Lyell a la tectónica de placas» [*Arbor,* vol. 124, núm. 486 (junio de 1986), págs. 9-45] y «The Imaginary Lyellian Revolution» (*Earth Sciences History,* vol. 7, núm. 2, 1988).

6. I. Bernard Cohen, *Revolution in Science* [Cambridge (Mass.), Harvard University Press, 1985).

7. Véase mi recensión de dicha obra en *Sylva Clius,* vol. 1, núm. 2, 1987, págs. 89-91.

8. Stephen G. Brush, «The Second Scientific Revolution, 1800-1950» (texto mecanografiado inédito, 1982) y *The History of Modern Science: A Guide the Second Scientific Revolution, 1800-1950,* (Ames, [Iowa], Iowa State University Press, 1988). Agradezco al Prof. Brush su amabilidad al poner a mi disposición los textos pertinentes antes de ser publicados.

tre 1800 y 1950. Sin entrar ahora en pormenores —aunque el análisis de Brush bien lo merezca y sin duda haya de estimular fecundas discusiones—, daré aquí por buena esta interpretación y en consecuencia abogaré por el uso de *Primera Revolución Científica* como una expresión más adecuada para referirnos a los avances de la ciencia entre Copérnico y Newton (pues tal es el marco temporal que, *grosso modo,* se le ha venido asignando tradicionalmente [9].

Pero si bien hay un relativo consenso acerca de cuándo comenzó y cuándo acabó esta Primera Revolución Científica, toda otra coincidencia parece más bien fruto del azar. Una larga, literalmente inabarcable, producción bibliográfica sobre el tema no ha servido —y no seré yo quien diga que es poco— sino para ahondar las diferencias entre unos y otros a fuerza de sembrar dudas, plantear nuevos problemas o incluso cuestionar premisas supuestamente intocables. La falta de acuerdo se ha convertido en el mayor estímulo tanto para la *investigación* como para la *interpretación:* la inagotable vitalidad de la historiografía de la Primera Revolución Científica supera aún hoy a la de cualquier otro período de la historia de la ciencia, pese al saludable desplazamiento de los focos de interés de los historiadores en las dos últimas décadas [10].

Aunque hasta los años cincuenta no se impusiera —como ya se ha apuntado— la expresión *Revolución Científica,* las discrepancias al respecto habían comenzado mucho antes. Si la historiografía de corte positivista encarnada, ya en nuestro siglo, por George Sarton apenas había mostrado interés por pergeñar una interpretación del fenómeno que fuera más allá de las ingenuas visiones acumulativas, anti-metafísicas y abiertamente *whiggish* [11] del desarrollo de la ciencia, la contribución de Pierre Duhem estaba llamada a tener un mayor y, desde luego, más fecundo eco. Duhem, guiado por un indisimulado fervor religioso y una abierta concepción continuista del desarrollo del conocimiento científico, se echó a las espaldas la tarea de reivindicar la ciencia medieval, entendiendo que tanto la Escolástica como la Iglesia habían constituido poderosos acicates para el cultivo y promoción de la misma [12]. En particular, Duhem llegó a la conclusión de que la ciencia

---

9. Jerome R. Ravetz, «The Problem of *Scientific Revolution*» (En *Actes du* XIIe *Congrès International d'Histoire des Sciences;* Paris, Blanchard; vol. 2, 1970-1971, págs. 89-91), ha sugerido, sin embargo, la posibilidad de contemplar el siglo XVIII como la base final de la Revolución Científica caracterizada por la divulgación de los logros inmediatamente anteriores y la propaganda en favor de la nueva imagen del universo y el nuevo estilo de hacer ciencia. A decir verdad, son pocos los que han recogido tal propuesta.

10. Véase el interesante análisis de Arnold Thackray, «History of Science in the 1980s» (*Journal of Interdisciplinary History,* vol. 12, núm. 2, 1981, págs. 299-314)

11. Véase Herbert Butterfield, *The Whig Interpretation of History,* (Londres, Bell, 1931).

12. Una presentación más pormenorizada de los presupuestos de la historiografía du-

moderna no fue un producto del Renacimiento, sino que por el contrario sus orígenes habría que buscarlos en la Baja Edad Media. Eligió incluso como punto de partida la fecha simbólica de 1277 en que el obispo de París, Etienne Tempier, condenara solemnemente doscientas diecinueve proposiciones relativas a distintas cuestiones filosóficas y científicas, hecho que —en su opinión— fomentaría la aparición de una fecunda orientación probabilista en el seno de la ciencia tardomedieval [13]. Pero la importancia de la contribución de Duhem no estriba tanto en esta clase de puntualizaciones como en su oposición a la arraigada concepción de la Revolución Científica como una súbita y drástica transformación. De este modo, la tesis de Duhem dio lugar a lo que vino a conocerse como la *rebelión de los medievalistas* (A. C. Crombie; E. Grant; J. H. Randall; M. Clagett; etc.) por su pequeña dedicación a recupera la imagen de la Edad Media como un período fructífero de la historia de la ciencia, en absoluto esa *edad oscura* de que habla cierta tradición, y a la presentación del Renacimiento como una mera prolongación de las contribuciones medievales.

Pero mientras que nadie parecía tener serios reparos a la hora de admitir la persistencia de determinadas ideas medievales durante los siglos XVI y XVII, otra cosa era admitir la perfecta continuidad de la ciencia medieval y la ciencia moderna. El propio Butterfield, tras admitir que la llamada Revolución Científica *«sin duda alguna tiene sus orígenes en un período mucho más antiguo desde el que se puede seguir en una línea clara e ininterrumpida»* [14], saludaba no obstante a aquélla como una de las más importantes transformaciones intelectuales de la historia europea y una de las fuentes primordiales de la mentalidad moderna. A su modo de ver, y pese al enorme respeto que la obra de Duhem le merecía, el reconocimiento de la deuda contraída con la ciencia medieval no puede ni debe empañar la visión de la magnitud de los cambios asociados a la expresión *Revolución Científica* [15]. Así, suavizando las tesis del físico e historiador francés, el consenso parecía en principio posible [16]: la influente obra de Alexandre Koyré habría de im-

---

hemiana puede encontrarse en la introducción de mi libro *Las quimeras de los cielos. Aspectos epistemológicos de la revolución copernicana* (Madrid, Siglo XXI, 1985), págs. 1-9.

13. Pierre Duhem, *Etudes sur Léonard de Vinci, ceux qu'il a lus et ceux qui l'on lu* (Paris, Hermann, 1906-1913), vol. 2, págs. 411-412.

14. Herbert Butterfield, *Los orígenes de la ciencia moderna,* pág. 8.

15. Herbert Butterfield, *Los orígenes de la ciencia moderna,* pág. 32.

16. Así, por ejemplo, A. C. Crombie, *Augustine to Galileo* (Londres, Falcon Press, 1952; edición castellana *Historia de la ciencia de San Agustín a Galileo;* Madrid, Alianza, 1974), vol. 2, pág. 104, reconoce que las contribuciones de los científicos modernos son mucho más importantes que las de los medievales y que existe una innegable diferencia cualitativa entre ambas. La suya es, pues, una solución de compromiso que busca moderar el radicalismo de los planteamientos de Duhem: *«Los orígenes de la ciencia moderna*

pedirlo, relanzando la discusión con su decidida oposición a toda la forma de interpretación continuista de la ciencia moderna [17].

Koyré admitía, naturalmente, la persistencia de algunos importantes elementos de raigambre medieval en la ciencia moderna, que desde luego *«no ha brotado perfecta y completa de los cerebros de Galileo y Descartes, como Atenea de la cabeza de Zeus. Al contrario, la revolución galileana y cartesiana —que sigue siendo, a pesar de todo, una revolución— había sido preparada por un largo esfuerzo del pensamiento»* [18]. El advenimiento de la ciencia moderna requirió, pese a todo una auténtica revolución, un cambio drástico que introdujo importantes transformaciones en la mentalidad europea de la época. Los dos más significativos, las verdaderas claves para comprender la naturaleza y alcance de la Primera Revolución Científica, fueron —como Koyré no se cansara de repetir [19]— la disolución de la idea de Cosmos y, muy especialmente, la geometrización del espacio y la consiguiente aparición de una concepción cualitativa de la investigación científica. Porque, para empezar, la destrucción de aquella imagen de un mundo perfectamente ordenado legada por la cultura griega vino a erradicar cualquier explicación de carácter finalista en el seno de la argumentación científica: *«La desaparición o destrucción del Cosmos significa que el mundo de la ciencia, el mundo verdadero, ya no es considerado o concebido como un todo finito y jerárquicamente ordenado (y, por tanto, cualitativa y ontológicamente diferenciado), sino como un universo abierto, indefinido y unificado por la identidad de sus leyes y de sus elementos fundamentales, y no ya por su estructura inmanente; un universo en el que, a diferencia de la concepción tradicional que separa y opone a los dos mundos del devenir y del ser (es decir, de la Tierra y de los cielos), todos sus componentes se encuentran situados al mismo nivel ontológico; un universo en el que la* physica coelestis *y la* physica terrestris

---

se remontan cuando menos al siglo XIII, *pero a partir de finales del siglo* XVI *la Revolución Científica comenzó a cobrar un ritmo sorprendente»* (vol. 1, pág. 22).

17. Que Thomas Kuhn presente a Koyré como su maestro en el prefacio de *La estructura de las revoluciones científicas,* págs. V-VI, no debería sorprender en absoluto y, desde luego, constituye un testimonio adicional del enorme influjo ejercido por la concepción discontinuista del autor de los *Estudios galileanos.*

18. Alexandre Koyré, «Galileo and the Scientific Revolution of the Seventeenth Century» (*The Philosophical Review,* vol. 52, 1943; versión castellana en *Estudios de historia del pensamiento científico;* Madrid, Siglo XXI, 1977), pág. 180.

19. «Etudes galiléennes» (*Actualités scientifiques et industrielles,* núms. 852, 853 y 854, 1939; edición castellana *Estudios galileanos:* Madrid, Siglo XXI, 1980), págs. 5, 66, 153 y 169: «The Significance of Newtonian Synthesis» (*Archives Internationales d'Histoire des Sciences,* vol. 3, 1950; reimpreso en *Etudes newtoniennes:* París, Gallimard, 1968), pág. 29; «De l'influence des conceptions philosophiques sur l'évolution des théories scientifiques» (*The Scientific Monthly,* 1955; reimpreso en *Etudes d'histoire de la pensée philosophique:*París, Gallimard, 1971), pág. 258; etc.

se identifican y asocian, en el que la astronomía y la física devienen independientes y ligadas en virtud de su común sumisión a la geometría» [20].

Por geometrización del espacio —el otro pilar de la Revolución Científica según Koyré— ha de entenderse la sustitución del espacio concreto de la física pre-galileana por el espacio abstracto de la geometría euclídea. En virtud de esta identificación de espacio físico y espacio geométrico *«el espacio vacío, como lugar de los cuerpos en general, no es más que un trasunto del plano sobre el que el geómetra dibuja figuras (cuerpos), cuyas propiedades son indiferentes a la región del pergamino sobre la que se dibujan. Este vacío es el espacio geométrico que está en todas partes bajo los cuerpos y las figuras: es el espacio inmóvil e isotrópico del universo»* [21]. Las consideraciones teleológicas desaparecen, pues, bajo esta concepción isotrópica del espacio físico, que supone asimismo una invitación a la matematización de la naturaleza y, por consiguiente, a la matematización de la ciencia. Tropezamos así con el nudo gordiano de la interpretación koyreana de la Primera Revolución Científica, la cual en último término no consistiría sino en *«la supresión del mundo del "más o menos", el mundo de las cualidades y de las percepciones sensibles, el mundo cotidiano de lo aproximado, y sustituirlo por el universo (arquimediano) de la precisión, de las medidas exactas, de la determinación rigurosa»* [22]. El inspirador de este radical cambio de perspectiva, por más que indirecto y a veces innominado, habría sido Platón. Koyre nunca se recató a la hora de señalar esta deuda: El advenimiento de la ciencia moderna es, en su opinión, *«el desquite de Platón»* [23]. Por eso, puede afirmar sin ambajes que para la historia del pensamiento científico la concepción popular del Renacimiento se revela profundamente verdadera [24].

Alexandre Koyré inauguró, sin duda, un paradigma historiográfico en el que su análisis de la Primera Revolución Científica constituía un elemento central, si es que no su auténtico eje. Convertida en referencia inexcusable para los historiadores posteriores (discípulos o no) e invocada en ocasiones con la misma reverencia con que antaño se recabaran las opiniones del Filósofo para terciar en cualquier asunto, su obra ha tenido indudablemente el mérito de promover a la historia de la ciencia a su madurez como disciplina autónoma. Sin embargo, justo es reconocer también que su éxito e influencia eclipsaron otras contri-

---

20. «The Significance of Newtonian Synthesis», págs. 29-30.
21. Carlos Solís, «Introducción a Galileo, *Consideraciones y demostraciones matemáticas sobre dos nuevas ciencias*» (Madrid, Editora Nacional, 1976), pág. 25.
22. «The Significance of Newtonian Synthesis», pág. 28.
23. *Estudios galileanos,* pág. 277.
24. *Estudios galileanos,* pág. 6.

buciones no menos interesantes y fecundas, que sólo con el tiempo —décadas— habrían de emerger nuevamente con fuerza y lograrían erigirse en alternativas al *paradigma Koyré*. El caso de la historiografía *externalista* es probablemente el más significativo.

Al contemplar la Revolución Científica de los siglos XVI y XVII como una mutación estrictamente *intelectual*, Koyré hubo ya de hacer frente a la interpretaciones externalistas del nacimiento de la ciencia moderna, esto es, aquéllas que subrayaban la influencia determinante de los factores tecnológicos e insistían en la vertiente práctica y utilitarista de la nueva ciencia. En los *Estudios galileanos* Koyré concedió todavía un cierto crédito a estas interpretaciones, si bien dejando claro que le parecían plagadas de defectos y que su valoración global era un tanto crítica y negativa [25], mas con poterioridad acabaría oponiéndose abiertamente a las mismas. Así, en su artículo «The Significance of Newtonian Synthesis», fechado ya en 1950, retomará la idea del predominio del interés contemplativo sobre el interés práctico en los albores de la ciencia moderna, apelando al caso de la astronomía, disciplina cuyas transformaciones determinaron sustancialmente el curso de la Revolución Científica, pero que estuvo mucho menos condicionada por necesidades prácticas que por el interés teórico por el conocimiento de la estructura del universo [26]. Sin embargo, detrás de estos argumentos se oculta la verdadera motivación de la oposición de Koyré a las tesis externalistas: el gran error y la mayor limitación de éstas es, a su parecer, no tener en cuenta *«el papel desempeñado por el interés puramente teórico de las matemáticas, que condujo a —y fue sotenido por— el redescubrimiento de la ciencia griega»* [27].

El desafío externalista, al que sin duda Koyré venía ofreciendo una explícita respuesta a lo largo de toda su obra, había surgido a raíz del Congreso Internacional de Historia de la Ciencia celebrado en Londres en julio de 1931, en el que una nutrida delegación soviética —encabezada por el propio Bujarin— había abogado por una interpretación materialista del desarrollo de la ciencia [28]. De entre todas las ponencias presentadas la más controvertida fue sin duda la de Boris Hessen, miembro de la Academia de Ciencias de la U.R.S.S., cuyo título «The Social and Economic Roots of Newton's *Principia*» es ya suficientemente explícito acerca de su enfoque y contenido. Algunos jóvenes asistentes al Congreso (J. D. Bernal, J. Needham, W. Pagel...), próximos al Partido

25. *Estudios galileanos*, págs. 2-3.
26. «The Significance of Newtonian Synthesis», pág. 44.
27. «The Significance of Newtonian Synthesis», pág. 44.
28. Las ponencias de los miembros de la delegación soviética fueron publicadas en el volumen *Science at the Crossroads* (Londres, 1931; reimpresión en Londres, Frank Cass, 1971).

Comunista británico y sumamente receptivos a cuanto representara un nuevo acercamiento al estudio de la ciencia y de su historia, acogieron con entusiasmo los planteamientos de Hessen y sus colegas, pero la plana mayor de los historiadores de la ciencia allí presentes reaccionó negativamente [29]. Sir George Clark, cuyos puntos de vista habían sido explícitamente atacados durante el Congreso, llegó incluso a escribir su *Science and Social Welfare in the Age of Newton* [30] a modo de explícita respuesta a la ponencia de Hessen. Es posible, no obstante, que el asunto no hubiera pasado a mayores de no haber irrumpido en escena el joven sociólogo norteamericano Robert K. Merton —que no había asistido al Congreso de Londres— con un larguísimo y provocativo artículo sobre la ciencia, la tecnología y la sociedad inglesa del siglo XVII [31].

En dicho trabajo Merton proponía dos tesis profundamente imbricadas, cuyas raíces hay que buscar en la historiografía marxista, por un lado, y en las investigaciones de Max Weber sobre el protestantismo y el origen del capitalismo [32], por otro. Así, Merton sugiere que la ciencia del siglo XVII y la revolución que en el seno de la misma tuviera lugar encontraron su máximo estímulo en las artes prácticas de la época y en el espíritu del protestantismo. El ideal baconiano de un ciencia orientada al dominio de la naturaleza sólo puede entenderse, según Merton, en conexión con el cada día más vigoroso proceso de reconocimiento social de la ciencia fomentado por la mentalidad puritana tan característica de la Inglaterra de la época. Del mismo modo, la búsqueda de resultados prácticos no ha de entenderse como un mero reflejo utilitarista, sino que es también fruto de la ética del trabajo y la laboriosidad —por no hablar ya de la productividad— tan característica del protestantismo. Ahora bien, el efecto de ésta se dejó sentir de manera un tanto desigual en las que Kuhn denominara *ciencias baconianas* (donde fue muy profundo) y *ciencias clásicas* (bastante independientes de tal

29. Acerca del Congreso de Londres, su repercusión y las diferentes reacciones frente a la interpretación de Hessen pueden verse P. G. Werskey, *The Visible College: A Collective Biograph of British Scientists and Socialists of the 1930s* (Londres, Allen Lane, 1978), págs. 138-149, y Simon Schaffer, «Newton at the Crossroads» (*Radical Philosophy,* núm. 37, 1984, págs. 23-28).

30. George Clark, *Science and Social Welfare in the Age of Newton* (Oxford, Clarendon Press, 1937).

31. Robert K. Merton, «Science, Technology and Society in Seventeenth Century England» (*Osiris,* vol. 4, núm. 2, 1938; edición castellana *Ciencia, tecnología y sociedad en la Inglaterra del siglo XVII;* Madrid, Alianza, 1984), si bien su tesis sobre la relación entre el puritanismo y la ciencia moderna había sido ya avanzada en «Puritanism, Pietism and Science» (*The Sociological Review,* vol. 28, 1936, págs. 1-30). Anteriores hipótesis al respecto formuladas por otros autores son discutidas en T. K. Rabb, «Puritanism and the Rise of Experimental Science in England» (*Cahiers d'Histoire Mondiale,* vol. 7, 1962).

32. Max Weber, «Die Protestantische Ethik und der Geist der Kapitalismus» (*Archiv fur Sozialwissenschaft und Sozialpolitik,* 1904-1905; edición castellana *La ética protestante y el espíritu del capitalismo:* Barcelona, Península, 1969).

Fig. 2. La tradición mecánico-artesanal del Renacimiento: rueda para elevar agua según Giorgio Agricola, *De re metallica* (1556).

estímulo en virtud de su mayor tradición) [33]. La distinción introduce, pues, algunas atinadas precisiones en las tesis de Merton, pero sobre todo suministra un bagaje conceptual de enorme importancia para la comprensión de la naturaleza de la Primera Revolución Científica.

Cuando Kuhn habla de *ciencias clásicas* se refiere exclusivamente a las ciencias físicas clásicas, dejando al margen otras disciplinas como la anatomía, la fisiología, etc. Ciencias clásicas serían, por tanto, las matemáticas, la astronomía, la música (acústica), la óptica y la estática, todas las cuales —como es fácil colegir— se caracterizan por incluir tratamientos matemáticos relativamente sofisticados (de ahí que también se las denomine *ciencias matemáticas*). Estas habían sido las ciencias preferentemente cultivadas en la Grecia clásica, no observándose grandes avances en las mismas en la Europa medieval (aunque en el Islam alcanzarían un alto grado de desarrollo y perfección a partir del siglo IX [34]) hasta los análisis escolásticos del movimiento en el siglo XIV. Por el contrario, las llamadas *ciencias baconianas* —la química, el magnetismo, la electricidad...— surgirían en la modernidad y su desarrollo sería completamente diferente del de las ciencias clásicas. Así, mientras que éstas sufrieron radicales transformaciones en el siglo XVII, las incipientes ciencias baconianas o *experimentales* no llegaron a desarrollarse plenamente a lo largo del mismo ni tan siquiera durante buena parte del siglo XVIII: *«Sólo en el siglo XIX experimentaron las ciencias físicas baconianas la transformación que el conjunto de las ciencias de anterioridad.»* [35] Por consiguiente, parece preciso concebir la Primera Revolución Científica como un doble movimiento de transformación radical de las ciencias clásicas y de gestación de las ciencias baconianas [36].

Las ciencias clásicas, como acaba de apuntarse, eran todas ellas ciencias matemáticas; las ciencias baconianas sólo fueron cuantificadas con éxito a finales del siglo XVIII o, más bien, ya en el siglo XIX. Por el contrario, durante la Primera Revolución Científica la actitud experimen-

---

33. La distinción aparece por primera vez en «The Function of Measurement in Modern Physical Science» (*Isis,* vol. 52, 1961; reimpreso en *The Essential Tension. Selected Studies in Scientific Tradition and Change;* Chicago, The University of Chicago Press, 1977), págs. 213-214, si bien la discusión más extensa tiene lugar en «Mathematical versus Experimental Traditions in the Development of Physical Sciences» (*The Journal of Interdisciplinary History,* vol. 7, 1976; reimpreso en *The Essential Tension*), págs. 31-65.

34. Acerca del desarrollo de la ciencia islámica y, en particular, de su decadencia paralelamente a la eclosión de la Primera Revolución Científica en Occidente pueden verse mi «Westwards or Eastwards? Reconsidering the Decline of Islamic Science» (*Proceedings of the Fourth International Symposium for the History of Arabic Science; Aleppo, 21-25 April 1987;* en prensa) o la versión castellana, más breve, «El declive de la ciencia islámica; una reinterpretación» (*Revista de Occidente,* núm. 82, 1988, págs. 101-112).

35. «The Function of Measurement in Modern Physical Science», pág. 218.

36. «Mathematical versus Experimental Traditions in the Development of the Physical Sciences», pág. 52.

tal sólo sería importante en el marco de las pujantes ciencias baconianas. Esto hace suponer que se trata de dos empresas bien diferenciadas, cada una de las cuales comporta sus propios patrones y presupuestos. Así, la vieja tesis de Koyré, según la cual la Revolución Científica consistió más en la adopción de nuevas perspectivas para contemplar fenómenos ya conocidos que en cadenas de nuevos descubrimientos experimentales, tiene sentido únicamente en el marco de las ciencias clásicas. Las ciencias baconianas, por contraste, siguieron siendo durante algún tiempo eminentemente cualitativas e incapaces de producir sofisticadas predicciones, apuntando sobre todo a un conocimiento experimental de fenómenos hasta entonces insospechados que permitiera a su cultivadores inaugurar nuevas líneas de investigación. Por esta razón la actitud negativa de Koyré con respecto a la mentalidad baconiana [37] se revela claramente injusta y es fruto de una concepción excesivamente uniforme de la ciencia, que vendría a coincidir con el modelo de las ciencias clásicas de que habla Kuhn.

La distinción de Kuhn permite, por lo demás, arrojar alguna luz sobre el espinoso problema del empirismo de la ciencia moderna, para muchos el factor más *revolucionario* de la misma y auténtica clave de la espectacular superación de los conocimientos clásicos y medievales que tuvo lugar en los siglos XVI y XVII. Es evidente, sin embargo, que el recurso a la experiencia se había dado tanto en la antigüedad como en la Edad Media, aunque en cada caso revistiera características específicas. La cuestión, pues, no es ésa: ni siquiera introduciendo la obligada distinción entre *experiencia* y *experimento* [38] cabe identificar con claridad la diferencia entre la ciencia clásica y la moderna, pues frente a experimentadores tan dotados como Ibn al-Hayṯam o Dietrich de Freiberg, Copérnico apenas si se tomó la molestia de practicar algunas observaciones. Marcar los límites entre el empirismo clásico y el de la ciencia moderna no es, por tanto, tan sencillo como algunos historiadores y filósofos alegremente pensaron. Recogiendo la distinción kuhniana entre ciencias clásicas y ciencias baconianas es posible, sin embargo, comprender un poco mejor la naturaleza de ambos. Así, de acuerdo con Kuhn [39], en la tradición antigua y medieval los experimentos —que, efectivamente, se daban— tenían básicamente uno de estos dos objetivos: demostrar una conclusión ya conocida por otros medios o dar respuesta concreta a cuestiones planteadas por una teoría preexistente.

37. *Estudios galileanos*, pág. 2.

38. *Estudios galileanos*, pág. 3; «An Experiment in Measurement» (*Proceedings of the American Philosophical Society*, vol. 97, 1953, núm. 2, versión castellana en *Estudios de historia del pensamiento científico*), pág. 90; etc.

39. «Mathematical versus Experimental Traditions in the Development of Physical Sciences», pág. 43.

Con el advenimiento de la modernidad apenas se introdujeron en las ciencias clásicas modificaciones sustanciales al respecto, pero en cambio en las nacientes ciencias baconianas los trabajos no se ajustarían a tal procedimiento. Muy por el contrario, sus cultivadores rara vez trataban de demostrar lo que ya se sabía (pues era bastante poco) o de determinar un detalle en orden a ampliar una teoría dada (pues con frecuencia, incluso, éstas faltaban): su objetivo era más bien comprobar cómo se habría de comportar la naturaleza bajo circunstancias hasta entonces inobservadas o incluso habitualmente inexistentes, compilando vastas *historias naturales* o catálgos de hechos de los que esperaban poder extraer con el tiempo alguna conclusión. A la inversa de lo que sucedía en el marco de las ciencias clásicas, entre las baconianas *«la experimentación era altamente valorada y la teoría frecuentemente desacreditada»* [40]. De ahí que sea frecuente ver a los científicos *baconianos* denunciando los experimentos mentales a los que tan aficionados eran sus colegas que trabajaban en las ciencias clásicas (recuérdense las duras críticas de Boyle a Pascal por este motivo) e insitiendo machaconamente en la necesidad de ofrecer precisos informes empíricos, acompañándolos si era preciso de los hombres y credenciales de los testigos.

Es también en el seno de las ciencias baconianas donde se procede a una masiva utilización de recursos instrumentales, así como a un considerable refinamiento de los mismos. En las ciencias clásicas todos los ingenios utilizados gozaban ya de una larga tradición: en astronomía —con excepción del telescopio— todo el instrumental de observación era conocido desde antiguo, mientras que el astrolabio y otros recursos calculísticos también eran una novedad; los prismas utilizados por Newton en sus investigaciones ópticas descienden por línea directa de los globos llenos de agua empleados en innumerables experimentos medievales; el plano inclinado deriva del estudio clásico de las máquinas simples; etc. Por lo demás, son las ciencias baconianas las que guardan una relación más directa con la práctica artesanal y con el ideal utilitarista de la nueva actitud científica: no debe extrañar, pues, que los historiadores externalistas suelan hacer hincapié sobre éstas en detrimento de las disciplinas clásicas.

Ahora bien, el reconocimiento por parte de Kuhn de dos procesos diferentes en el seno de las ciencias clásicas y las baconianas durante el lapso temporal que cubre la Primera Revolución Científica no basta para dar cuenta de ésta en términos enteramente satisfactorios. Algunas piezas siguen sin encajar o sólo lo hacen a costa de renunciar a plantearse ulteriores problemas. Así, la pervivencia de elementos *irracionales* —o, sin duda mejor, animistas, vitalistas, etc.— durante una bue-

40. «Mathematical versus Experimental Traditions in the Development of Physical Sciences», pág. 44.

na parte de esta Primera Revolución Científica ha puesto de relieve la importancia de la *tradición hermética* en el marco de esa azarosa historia de la constitución de la ciencia moderna.

Probablemente fuera Eugenio Garin, allá por los años cincuenta [41] uno de los primeros en subrayar la relevancia de esta línea de pensamiento para el estudio de la génesis de la moderna ciencia natural, pero ciertamente la época de apogeo de las investigaciones sobre el hermetismo habría de seguir a la publicación del conocido *Giordano Bruno y la tradición hermética*, de Frances A. Yates [42]. Cabe incluso sospechar que los puntos de vista desarrollados en esta época por Thomas S. Kuhn, Paul K. Feyerabend y otros acerca de la influencia de los factores extra-científicos en la evaluación y elección de teorías pudieran tener algo que ver con el auge cobrado por estas investigaciones, que no por azar han acabado desembocando en aceradas controversias sobre importantes problemas epistemológicos [43].

Se ha hablado mucho del significado del Renacimiento como un cambio en la relación del hombre con el universo, pero sólo recientemente se ha puesto de relieve cómo las raíces últimas de tal transformación residen en el núcleo hermético asociado al que con gran vaguedad se denomina *neoplatonismo renacentista.* Cierto es que el término *hermético* se emplea en sentidos muy diversos, refiriéndose en muchos casos simplemente a cualquier clase de prácticas ocultas, con lo cual ha acabado por enturbiarse su preciso significado histórico: una cosa es que, efectivamente, la tradición hermética albergue en su seno múltiples directrices y líneas de fuerza sólo indirectamente reductibles a un tronco unitario y otra muy distinta es que se haga del hermetismo un comodín para aludir a cualquier aspecto esotérico (o simplemente difícil de clasificar) del pensamiento renacentista [44]. El nombre genérico

---

41. Eugenio Garin, «Magia e astrologia nella cultura del Rinascemento» (*Belfagor*, 1950) y «Considerazioni sulla magia» (*Rivista Critica di Storia della Filosofia,* 1951) (reimpresos ambos en *Medioevo e Rinascimento,* Bari, Laterza, 1954; edición castellana *Medioevo y Renacimiento:* Madrid, Taurus, 1981).

42. Frances A. Yates, *Giordano Bruno and the Hermetic Tradition* (Chicago, The University of Chicago Press, 1964; edición castellana *Giordano Bruno y la tradición Hermética:* Barcelona, Ariel, 1983).

43. Útiles aproximaciones a la cuestión son Mary B. Hesse, «Hermeticism and Historiography: An Apology for the Internal History of Science» [En R. H. Stuewer (ed.), *Historical and Philosophical Perspectives of Science;* Minneapolis, University of Minnesota Press, 1970], P. M. Rattansi, «Some Evaluations of Reason in Sixteenth and Seventeenth Century Natural Philosophy» [En M. Teich y R. Young (eds.), *Changing Perspectives in the History of Science. Essays in Honour of Joseph Needham;* Londres, Heinemann, 1973] y, sobre todo, Paolo Rossi, «Hermeticism, Rationality and the Scientific Revolution», y Cesare Vasoli, «L'influence de la tradition hermétique et cabalistique» [En R. R. Bolgar (ed.), *Classical Influences on Western Thought, A. D. 1650-1870;* Cambridge, Cambridge University Press, 1979].

44. F. A. Yates, «The Hermetic Tradition in Renaissance Science» [En C. Singleton

de *hermetismo* procede del *Corpus Hermeticum,* colección de escritos en lengua griega sobre temas muy diversos (generalmente en forma de diálogos entre divinidades) que se atribuían al dios egipcio Thoth, escriba de Osiris y —de acuerdo con la tradición— inventor de la escritura y ulteriormente patrón de las ciencias. La contrapartida helénica de Thoth era el dios Hermes Trismegisto («Hermes, el tres veces grande»), de quien directamente deriva la denominación de la corriente por circular bajo su nombre dichos textos. Por consiguiente, los escritos herméticos se creían originarios de Egipto y prácticamente contemporáneos de Moisés, tal y como Lactancio enseñara y el propio San Agustín creyera.

Alrededor de 1460 un manuscrito que contenía de forma incompleta el texto griego del *Corpus Hermeticum* llegó a Florencia y Cosimo de Medici encargó a Marsilio Ficino que lo tradujera. Las múltiples ediciones de su versión latina alcanzaron una gran difusión a lo largo del siglo XVI y aparecieron incluso numerosos comentarios a la misma (obra de Lefèvre d'Etaples, Champier, Foix de Candale, Patrizi...). Sin embargo, el 1614 el helenista Isaac Casaubon dató los textos herméticos como poscristianos (escritos en realidad en los siglos I y II de nuestra era), con lo que se ponía fin a la creencia de que al *Corpus Hermeticum* recogía y representaba la antigua sabiduría egipcia. La presencia de elementos platónicos, persas, hebreos e incluso cristianos, además de los genuinamente egipcios, no había pasado en modo alguno desapercibida a los estudiosos, pero ello distaba mucho de representar un problema para ellos: esa era una prueba más de la naturaleza profética de los textos y de su carácter divino. La datación de Casaubon no alteró en absouto la suerte del hermetismo en la Europa moderna —al menos, de manera inmediata— y el mensaje del *Corpus,* perfectamente asimilado por la plana mayor de los filósofos renacentistas, pasó a convertirse en la armazón misma del pensamietno de la época.

Aunque el *Corpus Hermeticum* es una mera yuxtaposición de fragmentos diversos escritos en momentos distintos por autores diferentes (todos ellos desconocidos), cabe no obstante hallar un denominador común en el mismo. Así, toda la obra puede leerse como el relato de la regeneración del hombre a través de la comunión mística con el Cosmos, dejando atrás la historia de la Caida recogida en el *Génesis* y recuperando así el dominio de la naturaleza que tuviera en su origen divino. En realidad, el hombre de quien habla la tradición hermética es el *mago,* figura en la que los especialistas han querido ver el precedente más directo de los artífices de la Primera Revolución Científica. el mago era, de acuerdo con la tradición hermética, el único capaz de pe-

---

(ed.), *Art, Science and History in the Renaissance*) (Baltimore-Londres, The Johns Hopkins University Press, 1968), pág. 255.

Fig. 3. El motivo hermético de la analogía entre macrocosmos y microcosmos en el frontispicio de la *Utriusque Cosmi Historia* (1617) de Robert Fludd.

netrar en los más recónditos secretos de la naturaliza, obteniendo así un conocimiento más firme y verdadero que el proporcionado por la filosofía natural aristotélica. La naturaleza formaba una tupida red de correspondencias subyacentes, de simpatías y antipatías, cuyo conocimiento habría de permitir el control de la misma por parte del hombre. En consecuencia, las técnicas de investigación se concebían en términos mágicos y de invocaciones numerológicas de raigambre cabalística, fuentes de las que el hombre habría de recabar los poderes para actuar sobre la naturaleza y lograr así su redención.

Pero si bien es cierto que la figura del mago define perfectamente la actitud del hombre renacentista frente a la investigación de la naturaleza, no lo es menos que dicha afirmación puede fácilmente inducir a confusión si no se acota de manera precisa el significado de *magia* en este contexto. Raro es el autor renacentista interesado por esta problemática que no presente alguna clasificación de las diversas clases de magia. Así, en su *De occulta philosophia* (1553), Cornelius Agrippa traza la siguiente distinción al filo de la concepción cabalística de los tres mundos: a) *magia natural* o manipulación de las fuerzas y simpatías ocultas que subyacen al mundo de los elementos o mundo inferior; b) *magia matemática,* relativa al mundo celeste, donde tienen cabida las armonías y la numerología; y c) *magia religiosa,* que corresponde al mundo supraceleste o superior. Sería el término *magia natural* el que hiciera fortuna a lo largo del siglo, recibiendo su espaldarazo con la publicación de la obra de Giambattista della Porta así llamada, *Magia naturalis* (1589), que no era sino la edición final en veinte libros de su *De miraculis rerum naturalium* (1560). Al concebirla como el estudio experimental de los más recónditos secretos de la naturaleza, Della Porta y sus contemporáneos estaban sencillamente haciéndose eco de la vieja distinción entre *magia natural* y *magia demoníaca* presente ya en autores medievales como Guillaume d'Auvergne; en efecto, frente a la tradición medieval de encantamientos, exorcismos, pactos y relaciones con el diablo, etc. (tradición a la que cuadra mejor la denominación de *brujería*), se erige ahora una magia destinada a lograr el control de las fuerzas y poderes que desencadenan los acontecimientos de la naturaleza y cuyas operaciones tratan simplemente de reproducir con la mayor fidelidad las operaciones de ésta [45]. De este modo, pues, los alquimistas y magos naturales del Renacimiento nada tendrán que ver con la bru-

45. Véase Paola Zambelli, «Il problema della magia naturale nel Rinascimento» [*Rivista Critica di Storia della Filosofia,* vol. 28, 1978; versión francesa «Le problème de la magie naturelle à la Renaissance» en Lech Szczucki (ed.), *Magia, astrologia e religione nel Rinascimento:* Wroclaw-Varsovia, Zaďad Narodowy Imienia Ossolińskich-Wydawnictwo Polskiej Adademii Nauk-Istituto di Filosofia e Sociologia del Centro di Studi à Roma dell'Accademia Polacca delle Scienze, 1974].

jería, a la que —por el contrario— rechazarán con todas su fuerzas: su magia es aquélla que en *De vita* (1489), Ficino se había atrevido a llamar *espiritual*. De hecho, esta clase de magia vendrá siempre estrechamente asociada a la religión, hasta el punto de no ser sino las dos caras de una misma moneda, a saber, la regeneración espiritual del hombre y la recuperación de su dominio sobre la naturaleza.

No obstante, todavía es preciso resaltar otro rasgo característico de la *magia natural:* su dimensión activa, práctica. *«Magia est factiva»* escribía Pomponazzi en su *De naturalium effectum admirandorum causis sive de incantationibus* (publicado póstumamente en 1556), expresando simultáneamente su confianza en la posibilidad de una transformación ilimitada de la realidad por parte de aquélla. La magia aparecerá así indisolublemente ligada a la tecnología como claves para el dominio de la naturaleza y, en último término, para lograr la rendición final. Es imposible no pensar en el Canciller Bacon a este respecto: de hecho, su idea maestra —la ciencia como potencia capaz de modificar la naturaleza y el hombre como sujeto de tal capacidad— está estrechamente vinculada a la concepción de la *magia natural* y al ideal renacentista del mago. Paolo Rossi fue el primero en interpretar la obra de Bacon desde esta perspectiva en una conocida monografía [46] de la que Frances Yates ha dicho —con toda justicia— que fue durante mucho tiempo la única obra que ofreció una correcta apreciación de lugar de Lord Veralum en el proceso de constitución de la ciencia moderna [47]. Cierto es que en su obra no hay ya trazas de sectarismo y que el investigador ha perdido su aura casi-divina para convertirse en un humilde observador y experimentador. Verdad es también que el programa baconiano encierra un sentido de reforma moral cuyos dardos apuntan precisamente contra el arrogante y pecaminoso orgullo del mago renacentista que buscaba reproducir los poderes divinos y que a su modo de ver habría de conducir al hombre a una nueva Caida. Bacon se nos aparece, pues, sumergido en la tradición hermética, pero a la vez pugnando por separarse de algunas de sus más cuestionables connotaciones y proponiendo, en consecuencia, un nuevo papel para el científico moderno. De este modo, su obra puede ser contemplada como un significativo punto de inflexión en la transformación de los ideales herméticos en una *nueva actitud* en absoluto surgida en el vacío o improvisada de la noche a la mañana.

Otra de las deudas contraídas por Bacon con la tradición hermética, y en particular con el núcleo paracelsiano de la misma, es su concepción de la ciencia como una empresa eminentemente cualitativa (no matemática), experimental e inductiva, haciendo de la búsqueda de la ver-

46. Paolo Rossi, *Francis Bacon: dalla magia alla scienza* (Bari, Laterza, 1957).
47. «The Hermetic Tradition in Renaissance Science», págs. 265-266.

dad una investigación cien por cien empírica de lo que la naturaleza esconde tras su aparente rostro. La veneración por la antigüedad dejaba así paso a una nueva actitud que hacía de la experiencia supuestamente libre de prejuicios el gran principio rector de la investigación natural (aunque sin olvidar, claro está, las enseñanzas de las Sagradas Escrituras). Vender todas las posesiones, quemar los libros y empezar a viajar en busca de todo tipo de observaciones acerca de la naturaleza, para comprar después carbón, construir hornos y experimentar incansablente con el fuego: ése era el consejo de Petrus Severinus, un discípulo de Paracelso, pero también el programa de todo un movimiento.

A la luz de los ya muy numerosos trabajos dedicados al hermetismo renacentista parece imponerse con fuerza una reinterpretación de los orígenes de la ciencia moderna que reivindica la importancia de las contribuciones de la filosofía natural del siglo XVI, por lo general injustamente olvidadas bajo la sospecha de oscurantismo: de este modo, apunta Yates, *«tal vez pueda ser una perspectiva iluminadora distinguir dos fases en el proceso globalmente designado como Revolución Científica. La primera de ellas vendría caracterizada por un universo animado y gobernado por la magia, mientras que la segunda produciría un universo renacentista gobernado por las leyes físicas de la mecánica»* [48]. No se debe pensar, sin embargo, en un drástico vuelco ni en dos períodos cronológicos yuxtapuestos, toda vez que elementos herméticos y mecanicistas coexistieron hasta bien entrada la segunda mitad del siglo XVII (esto es, mucho después de la correcta datación del *Corpus Hermeticum* por Casaubon [49]). Así pues, y por incómoda que pueda resultar su consideración en el marco de un proceso que durante largo tiempo se tuvo por prototipo de desarrollo racional y de progreso hacia la verdad, el hermetismo ha de tomarse necesariamente en cuenta si se quiere comprender la naturaleza de la Primera Revolución Científica y poner fin a las acríticas y un tanto ingenuas visiones de la misma que durante largo tiempo estuvieron en boga dentro de la historiografía de la ciencia. No significa esto, claro está, que toda la Revolución pueda reducirse a las contribuciones de la tradición hermética o que sea lícito relan-

---

48. *Giordano Bruno y la tradición hermética,* pág. 511, y «The Hermetic Tradition in Renaissance Science», pág. 271.

49. En su *Giordano Bruno y la tradición hermética,* pág. 453, Yates había visto en la datación de Casaubon una de las causas principales dl abandono de la magia y el debilitamiento de la tradición hermética a lo largo del siglo XVII. Allen G. Debus, en una recensión de dicha obra (*Isis,* vol. 60, núm. 180, 1964), puso sin embargo de relieve cómo ésta apenas se resintió y su vigor perduró hasta, al menos, 1660. Yates, «The Hermetic Tradition in Renaissance Science», pág. 272, acabaría por aceptar la crítica, reconociendo además que Fludd, Kircher y muchos otros ni siquiera tuvieron noticia de la datación de Casaubon; con todo, insiste en considerar tal fecha como un hito en la evolución del movimiento hermético.

zar a su costa una nueva versión de las tesis continuistas (defectos ambos en los que frecuentemente suelen incurrir sus más decididos partisanos) [50]. Tampoco debería dar pie —como oportunamente advirtiera Garin [51]— para que la considerable carga emotiva de términos como *razón, ciencia* o *progreso,* habituales en las discusiones sobre el papel del hermetismo en el proceso de constitución de la ciencia moderna, nos llevara lejos de la arena de la historia para fomentar cuestiones no siempre bien planteadas: así, las investigaciones históricas sobre la tradición hermética han sido instrumentalizadas una y otra vez por quienes deseaban ejemplificar tesis *filosóficas* sobre la irracionalidad del desarrollo del conocimiento científico. Lo que sí nos enseñan tales trabajos es que la complejidad estructural de la Primera Revolución Científica es mucho mayor de lo que habitualmente se creía, aunque ello no signifique que no sea *racional* o no pueda seguir contemplándose como una auténtica *revolución.* Pero la realidad histórica es mucho más rica que las simplistas fórmulas filosóficas con la que continuamente tratamos de aprehenderla e interpretarla y por ello no parece factible ofrecer una imagen unívoca de esta Revolución Científica que todavía hoy sigue alumbrando —afortunadamente para los historiadores— más conjeturas que certezas. Por decirlo con palabras de Cesare Vasoli, *«honradamente no se puede negar que los comienzos del desencantamiento del mundo del que tanto se ha hablado desde los tiempos de Max Weber han sido mucho más inciertos, problemáticos y contradictorios de lo que muchas veces se quiere admitir»* [52].

50. Una acertada crítica de los mismos puede encontrarse en Paolo Rossi, «Hermeticism, Rationality and the Scientific Revolution», *passim.*

51. Eugenio Garin, «Divagazioni ermetiche» (*Rivista Critica di Storia della Filosofia,* vol. XXI, núm. 4, 1976), pág. 463.

52. Cesare Vasoli, «L'influence de la tradition hermétique et cabalistique», pág. 68.

LA CIENCIA EN LOS JARDINES O LA RESTAURACIÓN DEL PARAÍSO TERRENAL *

He did a Garden for him plant
By the quick Hand of His omnipotent Word
As the chief Help and Joy of Human Life
He gave him the first Gift; first, even before a Wife.

Abraham Cowley, *The Garden* (1668) [1]

En su defensa de una historia de las ideas unitaria y totalizadora, el profesor A. O. Lovejoy sugirió de pasada la estrecha conexión existente entre las grandes cosmovisiones de los siglos XVI-XVIII y la evolución del gusto en el diseño de los jardines [2]. Las concepciones racionalista y romántica del universo se plasman admirablemente en la geometrización del *jardín francés* y la exuberancia del llamado *jardín inglés*. El objetivo de este trabajo no es otro sino indagar con más detenimiento en este proceso de transformación intelectual, mostrando cómo el Paraíso Perdido que se trata de recuperar a través del jardín se modela básicamente de acuerdo con las ideas filosóficas en boga en cada momento. De este modo, científicos y filósofos como Bacon, Wren, Rousseau o Hegel describirán jardines ideales en los que cabe reconocer los rasgos fundamentales de la mentalidad de sus respectiva épocas. Por lo demás, y esto es lo que aquí interesa particularmente subrayar, el triunfo del jardín inglés marcará el fin de una fructífera relación entre el diseño de jardines y el cultivo de determinadas disciplinas científicas (hidráulica, óptica,...): con el movimiento paisajista el *jardín* devendrá un *parque* y perderá sus funciones de «laboratorio» privilegiado de los ingenieros renacentistas.

---

* Publicado originalmente en J. Echeverría y M. S. de Mora (eds.), *Actas del III Congreso de la Sociedad Española de Historia de las Ciencias* (San Sebastián, Sociedad Española de Historia de la Ciencias, 1986), vol I, págs. 265-274.

1. En *Works,* Londres, Henry Herringman, 1864, 8.ª ed., pág. 116.
2. A. O. Lovejoy, *The Great Chain of Being,* Cambridge, Mass., Harvard University Press, pág. 15. 1936.

La materialización del Paraíso como jardín es un motivo recurrente a lo largo de la historia de la humanidad y probablemente no sea preciso insistir demasiado en el sentido y alcance de esta identificación. Desde antiguo, monarcas y gobernantes, cuando no plutócratas y hacendados de toda índole, han gustado de rodearse de jardines como símbolo de su poder: un valor simbólico que, dicho sea de paso, tiene sus raíces en el propio *Génesis*, donde la expulsión del Paraíso ha de leerse como la pérdida del estatus cuasi-divino por parte de Adán y Eva. La historia de la expulsión nos pone igualmente sobre la pista de otro de los rasgos definitorios del jardín-paraíso: su concepción como un recinto cerrado, aislado del mundo exterior y, por consiguiente, a salvo de peligros y amenazas. El jardín medieval encarna perfectamente este ideal: se trata de un jardín enclaustrado, cerrado por todas partes, incluso reciamente amurallado (como pueda ser el caso del descrito por Guillaume de Lorris en su *Roman de la Rose* (c.1220-1230), en que la línea recta predomina de forma indiscutible, subdividiendo una planta ya de por sí cuadrangular en compartimentos más pequeños. Los jardines de la abadía carolingia de Saint-Gall son a este resepecto paradigmáticos.

Aunque la idea de un límite preciso seguirá por mucho tiempo asociada al diseño de jardines, el Renacimiento romperá con la línea recta y la planta rectangular, derribando muros y aboliendo los compartimentos interiores. Por vez primera se atiende al entorno y deja de ser indiferente la ubicación del jardín. Los trabajos de Bramante, en el gozne de los siglos XV y XVI, dan ya fe de la interrelación del jardín con los más diversos elementos arquitectónicos, en tanto que el estudio de la perspectiva deviene fundamental a la hora de trazar terrazas y pendientes. El arte y la ciencia se darán la mano para restaurar el Paraíso Terrenal, empresa a la que la prepotente actitud del hombre renacentista conferirá de inmediato características muy diferentes de las que detentara en la Edad Media. En efecto, el siglo XVI —el gran siglo del *jardín italiano*— se nos aparece bajo el signo del barroquismo o, aún mejor, del manierismo. Es la época de los jardines *contra natura*, de la manipulación de agua, piedras y plantas hasta borrar toda posible huella de espontaneidad. Como muy bien ha visto Lucien Corpechot [3], ya no se trata de someter a la naturaleza a cualquier suerte de disciplina, sino más bien de exagerar sus caprichos y dar rienda suelta a la fantasía. La oposición a toda ley, la huida de la simetría, desembocan en la búsqueda del artificio e incluso la excentricidad. Aparecen entonces los laberintos, los setos recortados, los grandes monstruos esculpidos en piedra, las grutas, los órganos hidráulicos, los autómatas... Con el jardín

3. L. Corpechot, *Parcs et jardins de France: les jardins de l'intelligence,* 1912, reed. Paris, Librairie Plon, 1937, pág. 24.

italiano, el jardín manierista, asistimos a una auténtica recreación de la naturaleza.

Tal cambio de actitud y de orientación en el diseño de jardines no sólo respondía a una cuestión de gustos — a una motivación estética—, sino que tenía mucho que ver con los desarrollos de la ciencia del momento. La nueva pasión por fuentes e invenciones mecánicas era consecuencia directa del creciente interés por la tecnología y las disciplinas experimentales, paralela sin duda a una marcada revalorización del quehacer del artesano y del ingeniero [4]. En última instancia, toda esta moda puede entenderse como la aplicación al diseño y ornamentación de jardines de las enseñanzas de Herón y Vitruvio, apenas redescubiertas por los sabios del siglo XVI. La hidráulica fue la disciplina más favorecida, toda vez que, a falta de un conocimiento rigurosos de sus leyes, la construcción de fuentes, canales, órganos y autómatas movidos por agua constituyó el mejor banco de pruebas para estudiar el movimiento de los líquidos y sus efectos. Giacomo de Vignola, autor de los atrevidos juegos acuáticos de Villa Lante y Villa d'Este, así como el tandem Orazio Oliveri y Giovanni Fontana, responsables del diseño de algunos de los más extravagantes jardines italianos de la primera mitad del siglo XVI, fueron ante todo competentes ingenieros hidráulicos. Y no ha de pensarse que fuera éste un fenómeno exclusivamente local, puesto que los ecos del llamado jardín italiano alcanzaron a buena parte de Europa. Así, el célebre Bernard Palissy redactará su *Jardin delectable* (1563) a modo de glosa de los nuevos gustos en materia de ornamentación y él mismo se hará famoso por la gruta que construyera en 1555 para el duque de Montmorency junto al castillo de Ecouen, que presentaba la particularidad de tener todo su interior decorado en cerámica. En Inglaterra también se dejará sentir la moda manierista y Enrique VIII contratará a distintos maestros italianos para reformar los jardines de Hampton Court conforme a los nuevos gustos. El propio Bacon, que escribió en 1625 un ensayo titulado *Of Gardens,* pleno aun de resonancias medievales, se abrirá no obstante a algunos elementos de corte italiano —especialmente, fuentes— pese a su oposición a los artificios manieristas. Con todo, nada mejor que la obra del portentoso Salomon de Caus para poder calibrar justamente los logros y excesos de esta tendencia.

Nacido en Normandía, De Caus se formó no obstante en Italia en pleno apogeo del manierismo y trabajó posteriormente en la cortes de Bruselas, Londres y Heidelberg. Fue en esta última donde acometió su obra maestra: el diseño del Jardín Palatino, que él mismo describiría en una hermosa obra publicada en 1620 por el célebre impresor Jo-

---

4. E. J. W. Evans, *Rudolf II and His World: A Study in Intellectual History, 1576-1612,* Oxford, Clarendon Press, 1973, pág. 186.

Fig. 4. El Jardín Palatino de Heidelberg, diseñado por Salomon de Caus. Ilustración de *Hortus Palatinus* (1620).

hann Theodor de Bry. No obstante, el fundamento teórico de todos sus trabajos se encuentra ya en su texto capital, *La raison des forces mouvantes,* que apareciera cinco años antes, también en Frankfurt. Que tan ingeniosa obra no se haya visto relegada al más absoluto olvido se debe a uno de los teoremas del Libro I (el cuarto, concretamente) [5], esgrimido en el siglo pasado por Baillet [6], Arago 7 y Marie [8] como prueba de la prioridad de Salomon de Caus en el descubrimiento de la máquina de vapor. No cabe entrar aquí en el problema —digamos únicamente que se trata de una pretensión infundada— pero en cambio sí que merece la pena explorar, siquiera brevemente, las motivaciones últimas de su obra.

> «De Caus pertenece a esas postrimerías del Renacimiento en las que la magia y la ciencia aún no seguían caminos distintos. El progreso tecnológico no siempre era el correlato de operaciones racionales, sino que aspiraba más bien a demostrar cualquier verdad mitológica o simbólica. Son los arquitectos-ingenieros de la tradición vitruviana quienes (...) desafían a los filósofos —a los que acusan de ignorancia— llevando hasta sus últimos extremos la imitación de los efectos naturales por parte del hombre» [9].

En este sentido cabe decir que

> «para De Caus y su generación el jardín era la expresión de algo mucho más profundo, convirtiéndose en cierto modo en el laboratorio del arquitecto-ingeniero renacentista. Los juegos acuáticos, grutas, autómatas y demás curiosidades exigieron un extraordinario desarrollo tecnológico y sólo después se alcanzó un segundo estadio en el cual todo ello acabaría integrándose bajo la forma de conceptos y principios científicos abstractos» [10].

Así pues, no se trataba de un manierismo gratuito: el culto del artificio poseía una dimensión simbólica o alegórica y la máquina, en particular, aparecía como la gran clave para aprehender las propiedades

5. S. de Caus, *La raison des forces mouvantes, avec diverses machines tant utiles que plaisantes,* Paris, Charles Sevestre, 1624, fol. 4.
6. A. N. Baillet, «Notice historique sur les machines à vapeur», *Journal des Mines,* n.º 197, 1813, pág. 321 ss.
7. F. Arago, «Notice sur la machine à vapeur», *Annuaire du Bureau des Longitudes,* 1837, pág. 234 ss.
8. M. Marie, *Histoire des sciences mathématiques et physiques,* Paris, Gauthier-Villars, vol. III, 1883-1887 pág. 168.
9. R. Strong, *The Renaissance English Garden,* Londres, Thames & Hudson, 1979, págs. 82-83.
10. R. Strong, *op. cit.,* pág. 112.

mágicas de la naturaleza. De este modo ha podido escribir Michel Conan que

> «las caprichosas invenciones de estos ingenieros del siglo XVI desempeñaban en su espíritu una función mágica de la mayor importancia: creando simulacros de vida explicitaban los principios (las "razones", diría Salomon de Caus) que gobiernan el universo y hacen posible una comunicación mágica entre el hombre y el cosmos» [11].

No son sólo palabras. Comparemos, por ejemplo, el emblema XXVII de la *Atlanta fugiens* (1618) de Michel Maier —el famoso médico de Rodolfo II— con la figura 3 del *Hortus Palatinus* de De Caus: las puertas de uno y otro jardín se parecen demasiado como para poder pensar en una coincidencia. La leyenda que acompaña al grabado de Maier nos da, por lo demás, una pista:

> «Aquél que trate de penetrar en el jardín de las rosas de la verdad sin poseer su llave se asemeja a esos hombres que pretenden caminar sin tener pies».

La lectura "hermética" e incluso "alquímica" del jardín no era un ejercicio nuevo. El simbolismo de Patrolino, el jardín manierista por excelencia (construido por Bernardo Buonalenti entre 1577 y 1581), había sido munuciosamente explicado por Francesco de Vieri en un opúsculo muy celebrado, en tanto que Daniel Stolcius compondrá dos años después una de las obras maestras del género, el *Viridiarum chymicum* (1624), descripción del jardín alquímico ideal en el que cada planta tenía su significación precisa. Así las cosas, no es difícil emparentar el mundo del jardín manierista con el del ocultismo de finales del Renacimiento. Verdaderamente era el signo de los tiempos y pocos podían escapar al mismo. Incluso Kepler, cuyas preocupaciones científicas eran muy distintas, se interesó por la fuentes e ingenios hidráulicos, encargando uno a Augsburg en 1603-1604, y se carteó tres años después con el Príncipe de Anhalt acerca del diseño de una bomba de agua óptima [12]. ¿Y qué decir del famoso pasaje del *Traité de l'homme* cartesiano en el que se compara el funcionamiento del organismo humano con el mecanismo de los autómatas de las fuentes y grutas de Saint Germain-en-Laye, diseñados por Tommaso y Alessandro Francini para el monarca Enrique IV? [13] Los ejemplos podrían multiplicarse, mas no harían sino corroborar la hipótesis aquí formulada acerca de la extraor-

---

11. M. Conan, *Postface au «Le Jardin Palatin» de Salomon de Caus, Paris,* Ed. du Moniteur, 1981, s.p.
12. J. Kepler, *Gesammelte Werke,* Munich, C.H. Beck, 1937 ss., vol. XVI, n.º 436.
13. R. Descartes, *Oeuvres,* Paris, Léopold Cerf, vol. XI, 1898-1913, pág. 130-132.

dinaria importancia de los autómatas hidráulicos en la vida intelectual de la segunda mitad del siglo XVI, así como del valor simbólico atribuido con frecuencia al jardín, microcosmos privilegiado para la experimentación.

El barroquismo del jardín italiano, su evidente afán escenográfico, no podían ser desaprovechados por el teatro. El mundo de *The Tempest* (1611) de Shakespeare parece la transposición de un jardín manierista; no en vano su protagonista —Próspero— es un mago natural que emplea virtuosamente sus poderes. Grutas como las diseñadas por De Caus aparecen en *Oberon, the Fairly Prince* (1611) de Ben Jonson y en otra obra del mismo autor, *Pleasure Reconciled to Virtue* (1618), encontramos una montaña claramente inspirada en la de Pratolino. En ambos casos, la escenografía corrió a cargo de Iñigo Jones, arquitecto, *metteur en scene* y —cómo no— diseñador de jardines, que no por casualidad fue conocido por el sobrenombre de *Vitruvius Britannicus*. Vitruvio, una de las figuras claves para entender la mentalidad de la época, ya había incluido sobre las funciones del arquitecto la construcción de todo tipo de artilugios escénicos [14], y en Fludd —contemporáneo de Jones— volveremos a tropezar con tal opinión [15]. Tiene toda la razón Francis Yates al señalar que *«cuando a comienzos del siglo XVII se habla de* máquinas, *la referencia es por lo general a las máquinas para el teatro, siendo ésta la esfera en la que (...) por primera vez se aplicaron a gran escala los fondos estatales al desarrollo de la maquinaria con fines pacíficos»* [16]. En la corte de los Estuardo la importancia social de las *masques* llegó a ser tal que en 1618 Jacobo I gastó la enorme suma de 4.000 libras en una de ellas; paralelamente, el ingeniero-escenógrafo adquirió tal reputación que en muchos casos llegó a eclipsar al propio dramaturgo. Y si el teatro era otro microcosmos privilegiado, pleno igualmente de resonancias simbólicas, su confluencia con el mundo de los jardines tenía que ser obligada. No sólo era habitual —como hemos visto— que aparecieran en escena diversos motivos de jardinería, sino que las propias representaciones solían llevarse a cabo en el marco de los jardines. Las grutas devinieron improvisados escenarios antes de la construcción de los primeros teatros estables y aun después siguieron cumpliendo esta función, como lo demuestran las numerosas representaciones en la gruta de Tettis en Versalles; en el Retiro, Felipe IV apostaría por la fusión de teatro y jardín al hacer construir en 1637 un escenario con fondo móvil para poder retirarlo cuando la acción se desa-

---

14. Vitruvio, *De architectura*, Int. Libro X.

15. R. Fludd, *Utriusque cosmi maioris scilicet et minoris, metaphysica, physica atque technica historia*, Oppenheim, De Bry, 1617, II, 7.

16. F. A. Yates, *Theatre of the World*, Londres, Routledge and Kegan Paul, 1969, pág. 85.

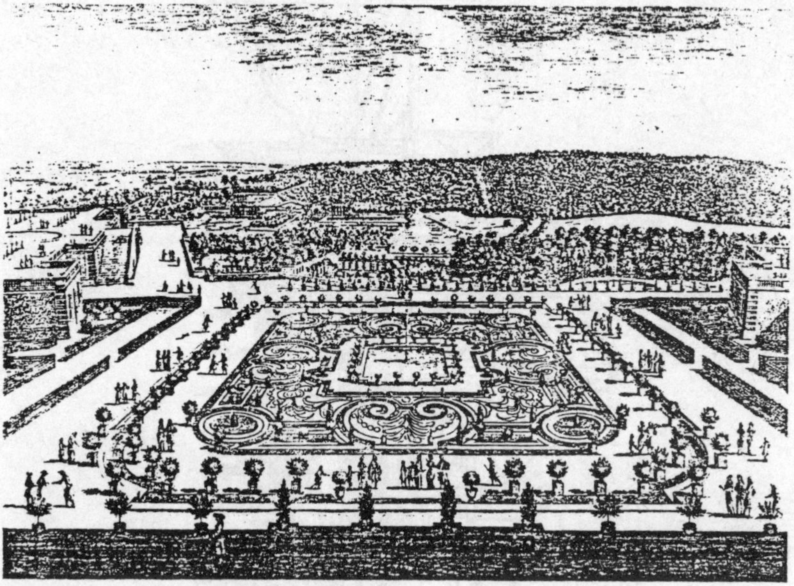

Fig. 5. El parterre de los jardines de Meudon, diseñados por Le Nôtre.

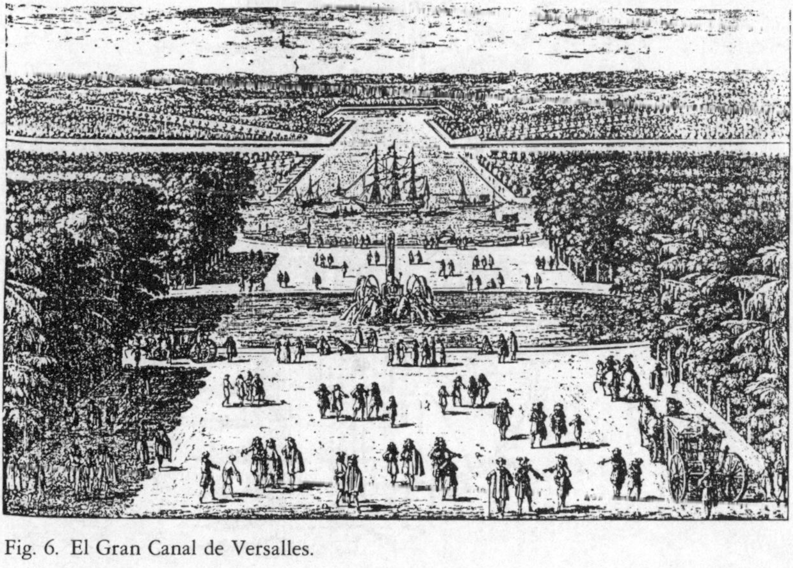

Fig. 6. El Gran Canal de Versalles.

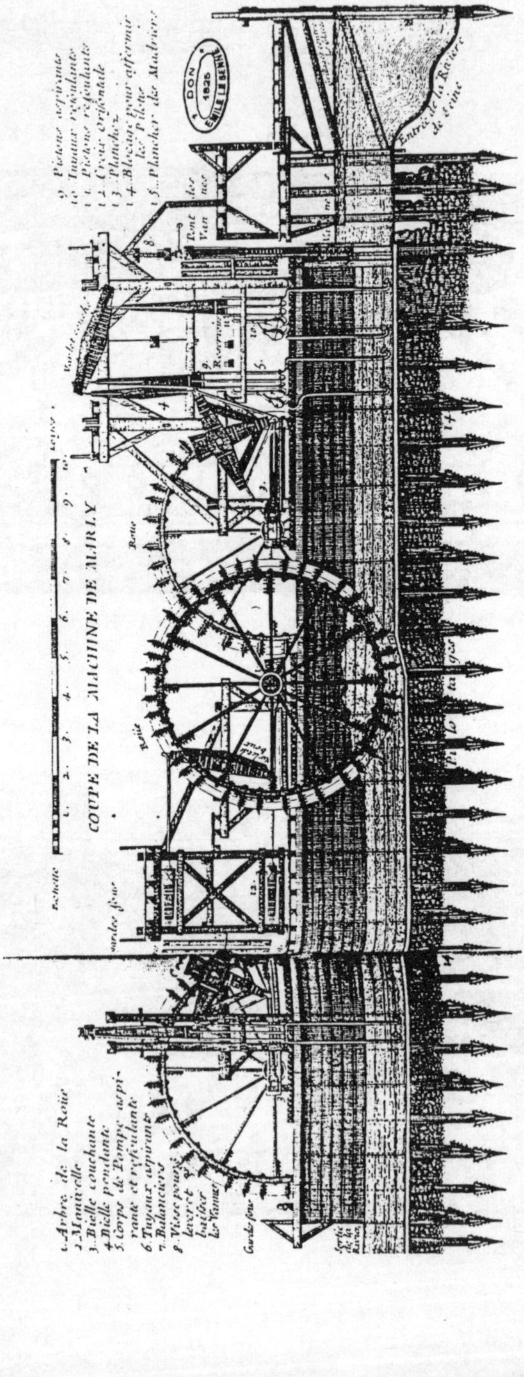

Fig. 7. La famosa máquina de Marly, que suministraba agua al palacio y los jardines de Versalles.

rrollase en exteriores [17]. La concepción del jardín como teatro no desaparecería pues, con la moda manierista; antes bien, el diseño de jardines sería más que nunca un arte visual, una suerte de escenografía, con el apogeo del llamado *jardín francés.*

El interés por el estudio de las leyes de la perspectiva no era nuevo entre los *jardineros* (el propio De Caus escribió un tratado de óptica en el que se consideraban sus aplicaciones al diseño de jardines) [18], mas nadie supo sacarle tanto partido como André Le Nôtre. Con él entramos ya en el siglo del racionalismo y asistimos a la progresiva geometrización de la realidad. Es la época en que Thomas Burnet, un teólogo inglés, podía escribir en su *Telluris Theoria Sacra* (1681-1689) que el mundo hubiera resultado bastante mejor si la Tierra fuese plana, los mares se hubiesen dispuesto según formas regulares y las estrellas ordenadas conforme a modelos geométricos. El jardín acusará este cambio de mentalidad y devendrá asimismo geométrico porque —como dirá Wren en una defensa de este nuevo estilo— [19] la figura geométrica es por naturaleza más bella que cualquier posible irregularidad. Suele decirse que el rasgo fundamental del *jardín francés* es la introducción del *parterre* y del *compartiment de broderie* —en ambos casos con una finalidad estética y no funcional—, pero lo que realmente define al nuevo estilo es un principio óptico: el jardín, en toda su extensión, debería poderse abarcar con la vista; dicho de otro modo, la naturaleza se ordena con respecto al ojo que la contempla. De ahí, por ejemplo, que desaparezcan las famosas *terrazas italianas,* sin duda un obstáculo para los efectos de perspectiva. Aunque en rigor ninguno de estos elementos fuese introducido por Le Nôtre, sus trabajos en Vaux-le-Vicomte (1656), primero, y en Versalles (1667-1688), después, han quedado como las obras maestras indiscutibles de este movimiento.

Le Nôtre vive la fiebre del clasicismo en Francia y su obra se presenta abiertamente como una exaltación de la razón cartesiana. Versalles, un jardín en el que quizá por vez primera se tratan de ocultar los límites externos, será el gran sueño de la razón geométrica setecentista y, en ese sentido, también él hará las veces de Gran Teatro del Mundo, de materialización de un Paraíso que ahora reviste nuevas y peculiares características. *«Con su triple formación de jardinero, pintor y arquitecto, Le Nôtre organizó el espacio de los jardines en orden a reforzar la teatralidad; jugó con la perspectiva de los paseos para así subrayar*

17. W. H. Adams, *The French Garden, 1500-1800,* Londres, Scolar Press, 1979, pág. 63-71.

18. S. de Caus, *La Perpectivo avec la Raison des Ombres et Miroirs,* Londres, John Morton, 1612.

19. C. Wren, *Parentalia, or Memoirs of the Family of the Wrens,* Londres, T. Osborn, 1750, pág. 351.

la ambigüedad del espacio versallesco. Todos los hallazgos de la ciencia de la época, del nivel óptico del abate Picard a los descubrimientos de Torricelli y Pascal, pasando por las investigaciones sobre perspectiva, devinieron instrumentos al servicio de la "mentira estética". Se trata de crear un espacio equívoco, irreal, que reforzase esa impresión de la vivienda del mundo como una pieza teatral, idea bastante extendida en una época en la que el cortesano aspiraba a confundir el ser con el parecer bajo la mirada del rey.» [20] El monarca, demiurgo de este nuevo Edén, reafirmaba así su poder absoluto. Versalles era *su* creación, el mundo que verdaderamente daba la medida de sus asombrosas, casi ilimitadas, posibilidades, un mundo sin duda bien distinto de aquel otro de las sórdidas callejuelas del Marais o de las paupérrimas granjas de la Auvernia meridional. La apretada agenda de los asuntos de estado no impidió, sin embargo, a Luis XIV escribir —de su puño y letra— una guía para que la visita de los jardines se efecturara como convenía. De esta *Manière de montrer les jardins de Versailles* existen seis versiones diferentes (aunque los itinerarios se reduzcan sustancialmente a tres), mediando entre la primera y la última un lapso de quince años, lo cual muestra a las claras cuál era el grado de interés del Rey Sol por su jardín. Las famosas fiestas de Versalles, en las que tierra, aire, fuego, y agua se plegaban a la voluntad del monarca y en las que la naturaleza y el arte se confundían por designio suyo, fueron de inmediato un modelo a imitar en todas las cortes europeas. La construcción de los jardines era siempre el punto de partida: Schleiheim y Nymphenburg, cerca de Munich, y Schönbrun y Belvedere, en Viena, trataron en vano de emular el esplendor de Versalles. El milagroso equilibrio conseguido por Le Nôtre era irrepetible y el *estilo imperial* centroeuropeo condujo al *jardín francés* por la vía de la grandilocuencia y el barroquismo. La entrada *Jardin* (1765) de la *Encyclopédie,* debida al Caballero de Jaucourt, se hará eco de esta progresiva degeneración hacia lo artificioso, hacia un *«gusto ridículo y mezquino»* [21], luego de los logros insuperables de Le Nôtre y aludirá —de la mano de Milton— a ciertos indicios de recuperación en Inglaterra bajo la forma de un nuevo estilo en jardinería.

Pero cuando la anglofilia de los enciclopedistas introduce en Francia la moda del *jardín inglés* —entre 1760 y 1780—, éste tiene ya tras de sí una larga singladura. La descripción del Edén en *Paradise Lost* (1667) de Milton [22] fue el detonante de un nutrido movimiento que pre-

---

20. J. M. Apostolides, «Fêtes dans les jardins de Versailles sous Louis XIV», *Traverses,* n.º 5-6, 1976, pág. 87-88.

21. *Encyclopédie, ou Dictionnaire Raisonné des Sciences, des Arts et des Métiers,* Neuchâtel, Samuel Faulche & Compagnie, 1751-1780, vol. VIII, pág. 460.

22. J. Milton, *Paradise Lost* (Londres, Samuel Simmons, 1667), IV, 131 y ss.

conizaba la vuelta a la naturaleza y que estuvo apadrinado mucho más por los filósofos y hombres de letras que por auténticos profesionales (fueran arquitectos o jardineros). Alexander Pope, uno de sus primeros y más influyentes teóricos, no contento con satirizar en la prensa a esos jardineros que se creían escultores, recortando caprichosamente los setos, decidió pasar a la práctica y construir junto a su mansión de Twickenham un jardín que se adecuara a los nuevos presupuestos estéticos. La cruzada contra el férreo orden geométrico del jardín francés tenía también una dimensión política, claramente explicitada por Pope y otros ensayistas: se trataba de una apuesta por la libertad y la tolerancia, al tiempo que un rechazo de la opresión y la tiranía encarnadas por la monarquía gala. Concurría asímismo una motivación económica: el mantenimiento de los parques no requería sumas tan astronómicas como el de los jardines franceses, algunos de los cuales —por cierto— sufrieron a comienzos del siglo XVIII importantes recortes presupuestarios (hasta un 95 por 100 en el caso de Marly) o incluso se abandonaron a la naturaleza (Montmorency, obra de Le Nôtre). Pero sobre todo se produjo un cambio en el gusto, una profunda transformación de la imagen del mundo cuyas huellas no podían dejar de sentirse en los jardines.

La premisa, tal y como la formulara William Kent, era muy simple: la naturaleza misma es un jardín y tan sólo es preciso hacer pequeños retoques en ella. Este descubrimiento de la naturaleza había de conllevar por fuerza una dura crítica al racionalismo del *jardín francés*. Le Nôtre caerá en desgracia hasta en su propio país: *«El famoso Le Nôtre, que floreció en el siglo pasado, acabó de masacrar la naturaleza sometiéndola por completo al compás del arquitecto»* [23]. Son palabras del anglófilo Marqués de Girardin buen amigo de Rousseau, quien por cierto fue uno de los más coherentes defensores del *paisajismo;* así, en *Julie ou la nouvelle Héloise* (1761) se describe un idílico jardín en el que la mano del hombre ni siquiera puede adivinarse. El contraste es obvio: *«El Dios del siglo XVII, como sus jardineros, tendía siempre a la geometría; el Dios del Romanticismo era tal que en su universo las cosas crecían espontáneamente y sin artificio en la rica diversidad de sus formas naturales»* [24]. La conocida tesis de Lovejoy según la cual el Romanticismo nació en los jardines podría ilustrarse convenientemente si ello no nos llevara demasiado lejos de los objetivos de este ensayo. Las extravagancias de William Chambers, su apasionada exaltación de los jardines chinos, su concepción de la jardinería como transfiguración de la naturaleza, pertenecen ya a otra época —el último cuarto del si-

23. R. L. de Girardin, *De la composition des paysages,* 1777, reed. París, Ed. du Champ Urbain, 1979, pág. 12.
24. A. O. Lovejoy, *op. cit.,* pág. 16.

glo XVIII—, momento en el que el movimiento paisajista se tiñe de exotismo y desmesura. Mucho antes, sin embargo, los científicos han desaparecido de la escena, han perdido todo interés por los jardines que no sea estrictamente botánico: la empresa científica se ha desarrollado vertiginosamente y ha hallado un ámbito propio, sin necesidad del improvisar ya por doquier sus *laboratorios*. Mas, por encima de todo, hemos asistido a una profunda y radical transformación de la mentalidad europea. La conmovisión mágica del Renacimiento, con su invitación a la lectura simbólica del cosmos, había hecho del jardín un marco privilegiado para tratar de descubrir los arcanos de la naturaleza, función que perdió tan pronto como aquella dejó paso a nuevas líneas de pensamiento. Los avatares de los jardines de Wilton House, diseñados por Isaac de Caus —hermano menor de Salomón— para el Conde de Pembroke conforme al gusto manierista entonces en boga y arrasados tiempo después para construir un parque (caso en absoluto singular) podrían muy bien leerse como una metáfora, exactamente igual que la azarosa historia de la abadía de Sankt Anton permitía a Böll en *Billard um halb zehn* (1959) reflejar cincuenta años de la historia de su país.

TEORÍA PLANETARIA E HIPÓTESIS ASTRONÓMICAS DURANTE EL RENACIMIENTO CIENTÍFICO *

I

El interés de los historiadores de la ciencia por el problema del *status* de las hipótesis astronómicas se remonta muy atrás. Sin querer con ello menospreciar a otros autores, justo es reconocer que el investigador que más esfuerzos ha dedicado al estudio de la cuestión fue el físico e historiador francés Pierre Duhem en sus trabajos *Sózein tà phainómena* y *Le système du monde.*[1] Duhem sentó las bases de un enfoque que persistiría hasta los años sesenta, fecha en que sus trabajos comenzarían a ser revisados desde muy diversos flancos. De una u otra forma, no me parece exagerado decir que interesarse por el problema del *salvar las apariencias* y por la polémica consiguiente obliga necesariamente a entablar un diálogo con la obra de Pierre Duhem.

En pocas palabras, éstas son las líneas maestras de la reconstrucción duhemiana del problema. Desde la antigüedad clásica fueron ya dos las orientaciones epistemológicas que acompañaron al quehacer de los astrónomos. Una de ellas, supuestamente apadrinada por Platón, concebiría la ciencia astronómica como una rampa de las matemáticas y aspiraría a describir los movimientos de los cuerpos celestes en tér-

---

* Publicado originalmente en *Diánoia,* vol. XXVIII, [1982], págs. 179-197. Puede encontrarse un tratamiento más detallado de la cuestión en mi libro *Las quimeras de los cielos. Aspectos epistemológicos de la revolución copernicana* (Madrid, Siglo XXI Editores, 1985).

1. *Sózein tà phainómena: Essai sur la notion de théorie physique de Platon à Galilée.* Paris, A. Hermann et Fils, 1908; *Le système du monde. Histoire des doctrines cosmologiques de Platon à Copernic.* Paris, Hermann, 1913-1919.

minos exclusivamente geométricos. El segundo planteamiento, avalado por Aristóteles, optaría por una astronomía física, cuyo objetivo sería llegar a una decripción realista del universo. En la antigüedad, y pese a la enorme reputación de Aristóteles, fue aquel primer enfoque el hegemónico, gracias sobre todo a la contribución del alejandrino Claudio Ptolomeo. En el mundo árabe apenas se habrían dado, según Duhem, aportaciones de interés: en tanto que unos astrónomos se dedicaron a *poner parches* al sistema ptolemaico, otros volvieron —desde presupuestos puramente especulativos— a las combinaciones de esferas homocéntricas que la orientación aristotélica había consagrado. Habría que esperar hasta Copérnico para encontrar un planteamiento realista coherente, por más que —a juicio del historiador francés— ello supusiera un retroceso frente a las posiciones intrusmentalistas de los ptolemaicos. Duhem, furibundo convencionalista, daría la razón a Osiander y Bellarmino, considerando que Copérnico, Kepler y Galileo se encuentran más lejos de las concepciones filosóficas modernas que aquellos otros. Su trabajo podría entenderse, pues, como una cruzada tendente a reparar lo que él estimaba un error de apreciación histórica.

Aun cuando este breve resumen de las tesis de Duhem no haga en absoluto justicia a la riqueza de sus investigaciones, puede no obstante, servirnos para enmarcar los acercamientos de la historiografía posterior. Para empezar, algunos historiadores han reprochado a Duhem su deficiente lectura de algunos de los textos clásicos por él invocados, desvirtuando así su interpretación [2]. Hay que reconocer que no les falta razón, más esto no ha de ser óbice para reconocer los méritos de una investigación pionera en su campo. Precisamente este carácter de precursor explica algunos otros errores de interpretación y/o apreciación por parte de Duhem: pensemos, por poner sólo un caso, en el importantísimo final del Libro I de las *Hipótesis de los planetas* de Ptolomeo, encontrado en 1967 [3], que obviamente aquél no pudo conocer (de hecho, su descubrimiento ha sido lo que ha desencadenado buena parte de las críticas a la dicotomía duhemiana entre las dos clases de astronomía). Por si fuera poco, el convencionalismo —y el continuismo asociado a él— ha dejado de estar en boga, con lo que la forma de hacer historia de Duhem ha acabado por ser en sí misma cuestionable (y mucho más todavía si se tiene en cuenta su catolicismo militante, en ab-

2. Jürgen Mittelstrass, *Die Rettung des Phänomene.* Berlin, Walter de Gruyter, 1962; y «*Phaenomena bene fundata:* From "Saving the Appearances" to the Mechanization of the World-Picture». En R. R. Bolgar (ed.), *Classical Influences on Western Thought, A. D., 1650-1870;* Cambridge, Cambridge University Press, 1979, págs. 39-59; G. E. R. Lloyd, «Saving the Appearances». En *Classical Quarterly,* vol. 28, núm. 1, 1978, págs. 202-222.

3. Véase Bernard R. Goldstein, «The Arabic Version of Ptolemy's *Planetary Hypotheses*». En *Transactions of the American Philosophical Society,*, nueva serie, vol. 57, núm. 4, 1967.

Fig. 8. El universo geocéntrico medieval según un grabado de *The Cosmological Glasse* (1559), de William Cunningham.

soluto inocuo a la hora de extraer sus conclusiones: veáse, por ejemplo, su defensa de Bellarmino frente a Galileo).

A la vista de todas estas circunstancias, no es difícil comenzar a sospechar que acaso la obra de Duhem requiera una revisión de arriba a abajo. Teniendo en cuenta que sus afirmaciones han sido durante más de medio siglo artículo de fe para los historiadores de la ciencia, convendremos que el punto reviste cierta gravedad. Pero, ¿no es acaso una empresa vana tratar de reescribir la historia? ¿No es tal el poder de la letra impresa que cualquier intento de revisión está condenado al fracaso? No me corresponde a mí dar respuesta a estos interrogantes: mi tarea consistirá sencillamente en ofrecer una reconstrucción alternativa (a la luz de las más recientes investigaciones) y en tratar de aportar todos los elementos de juicio relevantes para su comprensión.

II

Como es sabido, la obra magna de Copérnico —*De revolutionibus orbium coelestium* (1543)— iba precedida por un prefacio anónimo donde se advertía al lector acerca del modo como debían tomarse las hipótesis expuestas a continuación. Un breve pasaje del mismo bastará para darnos a conocer la posición de su autor: *«No es necesario que esas hipótesis sean verdaderas, ni siquiera verosímiles, sino que es suficiente una sola cosa: que los cálculos practicados en base a las mismas concuerden con las observaciones.»* Dicho de otro modo, el anónimo autor del prefacio se limitaba a hacerse eco de la tradicional orientación instrumentalista cuyo paladín era el propio Ptolomeo.

Pero ésta no era la forma en que Copérnico veía las cosas. Su fallecimiento apenas publicada la obra le impidió salir al paso de tal deformación de sus ideas. Lo hizo en su lugar Tiedemann Giese, obispo de Kulm y gran amigo del astrónomo, quien reveló que el autor de la advertencia al lector al lector no era otro sino el teólogo luterano Andreas Osiander, que había colaborado en los trabajos de edición del *De revolutionibus*. Osiander no tardó en ser el blanco de las iras de los historiadores (una vez que se enteraron de su impostura, lo cual en algunos casos no tuvo lugar hasta el siglo XIX, por más que Kepler, Gassendi y otros lo hubieran venido aireando). Su *traición* era, no obstante, comprensible: Osiander habría obrado así movido por la mejor de las intenciones, a saber evitar a Copérnico todo tipo de problemas con las ortodoxias católica y protestante [4].

---

4. Véanse los ensayos de Bruce Wrightsman, «Andreas Osiander's Contribution to the Copernican Achievement». En Robert S. Westman (ed.), *The Copernican Achievement;* Los Ángeles, University of California Press, 1975, págs. 213-243, y Heiko A. Ober-

De hecho, la Iglesia era la primera defensora de la concepción instrumentalista o ficcionalista de las hipótesis astronómicas, puesto que de ese modo —definiendo la práctica de esta disciplina como un juego entre conjeturas meramente *probables*— se reservaba para sí toda la autoridad a la hora de determinar lo que era verdadero y lo que era falso. El ficcionalismo le proporcionaba la coartada perfecta para seguir arrogándose el derecho a interpretar el Libro de la Naturaleza (además del Libro de la Revelación). Po lo demás las tesis enunciadas por Osiander no son en absoluto descabelladas, sino —muy por el contrario— maduras y sofisticadas desde determinados puntos de vista (como con tanto ahinco trató de demostrar el nada neutral Duhem). Y, en último término, esa concepción ficcionalista no era en modo alguno insólita en la época, de modo que no puede decirse que el teólogo luterano cometiese extravagancia alguna. Así pues, quizá lo único que en justicia puede reprochársele a Osiander es haber dado lugar a cierta confusión, habida cuenta de que Copérnico abogaba ciertamente por una astronomía realista (y aún así ha de decirse en su descargo que nunca pretendió que sus palabras pasaran por ser las del autor, pues se refiere a éste en tercera persona). Pero antes de pasar a examinar el pensamiento del propio Copérnico es preciso preguntarnos si esta caracterización del ficcionalismo se ajusta convenientemente a la realidad o es un mito historiográfico más.

III

En este punto es oportuno recordar unas palabras de Otto Neugebauer: *«Se pueden comprender perfectamente los* Principia *sin tener un excesivo concocimiento de la astronomía anterior, pero no se puede leer un solo capítulo de Copérnico o de Kepler sin un conocimiento profundo del* Almagesto *de Ptolomeo.»* [5] Efectivamente, es así. Y, además, la única forma de apreciar cabalmente la significación de la revolución copernicana pasa por haber comprendido adecuadamente los rasgos definitorios del paradigma ptolemaico. De lo contrario, uno de los términos de la comparación estaría mal definido y la comparación en cuanto tal sería ociosa. En consecuencia, todo esfuerzo por clarificar la epistemología ptolemaica es poco y, desde luego, ha de ser bien recibido.

Habitualmente, la doctrina del *salvar las apariencias* se remonta a la formulación del llamado *problema de Platón,* a saber, cómo explicar

---

man, «Reformation and Revolution: Copernicus' Discovery in an Era of Change». En John E. Murdoch y Edith D. Sylla (ed.), *The Cultural Context of Medieval Learning;* Dordrecht, D. Reidel Publishing Company, 1975, págs. 397-435.

5. *The Exact Sciences in Antiquity*. Copenhague, Ejnar Munksgarrd, 1951, págs. 3-4.

los fenómenos celestes en términos de movimientos circulares y regulares. No obstante, la atribución de este planteamiento a Platón es obra de Simplicio [6], al cual han seguido a pie juntillas todos los historiadores. Sólo muy recientemente Jürgen Mittelstrass puso en tela de juicio la información legada por Simplicio y sugirió la posibilidad de que el verdadero promotor del programa fuera Eudoxo [7]. De lo que, sea como fuere, no cabe duda es de que las ideas de Platón al respecto no están nada claras [8]. En el Libro VII de la *República* había distinguido entre astronomía *aparente* y astronomía *real,* distinción explicada con más detalle en *Leyes,* VII: la llamada astronomía *aparente* tiene por único cometido la recolección de datos observacionales, mientras que la astronomía *real* los *reduce* a movimientos inteligibles por medio de los cuales trata de explicarlos (movimientos que, ocioso es decirlo, serán circulares y uniformes). En cualquier caso, interpretar esta definición resulta francamente difícil. Sería muy cómodo entender esta astronomía *real* en un sentido instrumental (en el sentido, pues, del programa cuya formulación históricamente se le atribuye), pero ello sólo puede hacerse a costa de olvidar algunas importantes peculiaridades del pensamiento platónico. Fue el propio Pierre Duhem quien insistió sobre este punto: si Platón se hubiese conformado con imaginar cualquier clase de hipótesis geométricas que *salvaran* los fenómenos, ¿por qué insiste tanto en los requisitos de circularidad y uniformidad? [9] Efectivamente, se trataba de un dogma de raigambre pitagórica al que Platón no hace sino plegarse. Ahora bien, conforme a la gnoseología platónica, la observación sensorial únicamente revela las apariencias. Es preciso *reducir* ésta geométricamente para poder aprehender la realidad inmutable que subyeace bajo los fenómenos cambiantes: corresponde a la razón *componer* los movimientos reales ocultos tras los cursos aparentemente complicados que se observan. No cabe duda de que éste no sería en modo alguno un programa ficcionalista. En cualquier caso, la investigación sobre este punto sigue abierta y no conviene apresurarse en las conclusiones: lo que realmente importa para nuestro propósito no es, por lo demás, tanto lo que pensaba Platón como qué clase de influencia ejerció sobre la astronomía posterior.

La respuesta más sofisticada de toda la antigüedad al problema cinemático supuestamente formulado por Platón fue la de Claudio Ptlomeo, instaurador de un paradigma que alcanzaría hasta el siglo XVI. Las

6. *In Aristotelis quatuor libros de Coelo commentaria,* 2, 43-46.

7. A lo largo de todo su *Die Rettung des Phänomene* y en «Phaenomena bene fundata», pág. 48, trabajos ambos que han sido ya citados en la nota 2.

8. Véase al respecto Robert Palter, «An Approach to the History of Early Astronomy». En *Studies in History and Philosophy of Science,* vol. I, núm. 2, 1970, págs. 93-133.

9. *Le système du monde,* vol. II, págs. 70-71.

caracterizaciones usuales (con Duhem a la cabeza) insisten en que el gran astrónomo alejandrino sólo concedía a la astronomía una función pragmática: su objetivo sería *describir* y *predecir,* pero no en modo alguno *demostrar.* Hoy en día las cosas no están ni mucho menos tan claras, especialmente a raíz de la consideración por parte de los historiadores del otro gran tratado astronómico de Ptolomeo: las *Hipótesis de los planetas.*

Antes de referirme a esta obra creo pertinente esbozar algunos de los rasgos de la epistemología ptolemaica, rastos que pueden servir de coordenadas incluso a la *Sintaxis matemática* o *Almagesto.* A diferencia de Aristóteles y en línea con Platón, Ptolomeo no cree posible un conocimiento verdadero y eterno de las cosas mutables y corruptibles. A su modo de ver, lo que caracteriza a la auténtica ciencia es la *«investigación de un mundo que subsiste idéntico a lo largo de toda la eternidad».* [10] Por ello la astronomía, que se ocupa de los cuerpos celestes (perfectos, inmutables), consituye su campo de interés primordial en cuanto científico. Ptolomeo, como buen platónico, está convencido de que las cosas no son lo que parecen: la estructura real del universo se oculta a nuestros sentidos y únicamente cabe llegar a ella por medio de la razón. La distinción entre los fenómenos observables y las auténticas causas ocultas es corolario obligado. En último término, se trata de una concepción muy extendida entre los griegos, para quienes todo lo que realmente existe debe de ser inmutable, al tiempo que los fenómenos cambiantes se revelan meras apariencias. La tarea del astrónomo teórico queda, pues, claramente definida: *«Por medio de un adecuado esfuerzo intelectual debe tratar de demostrar fuera de toda duda que hasta los más confusos y caóticicos fenómenos celestes pueden ser explicados en términos de leyes invariables y ordenadas. En consecuencia, su objetivo será primeramente describir y formular tales leyes y luego demostrar que el fenómerno puede deducirse a partir de las mismas.»* [11] La profunda convicción en la racionalidad de lo real se encuentra a la vase del que hacer ptolemaico.

Pero hay algo más. Incluso en la *Sintaxis matemática,* obra cumbre de la llamada *astronomía matemática,* encontramos determinadas condiciones restrictivas de carácter *físico* que nos obligan a replantear la tan traída y llevada dicotomía. En efecto, Ptolomeo está lejos de ser un ficcionalista, pues hace de determinados principios físicos la condición de aceptabilidad de las hipótesis astronómicas. Y no se trata ya únicamente de los requisitos de circularidad y uniformidad, puesto que a ellos se añaden algunos otros directamente emparentados con la física aris-

---

10. *Sintaxis matemática,* I, 1.
11. Olaf Pedersen, *A Survey of the Almagest.* Odense, Odense University Press, 1974, pág. 34.

totélica (la Tierra ha de estar ubicada en el centro del universo, las estrellas fijas se emplazan en una esfera particular concéntrica a la Tierra, no existe el vacío en la naturaleza, etc.). No puede decirse, por tanto, que a Ptolomeo no le importara en absoluto la cuestión de la relevancia física de sus modelos geométricos; es cierto que la explicación de los movimientos planetarios se lleva a cabo desde una perspectiva puramente matemática, pero no lo es menos que en las *Hipótesis de los planetas* se ofrece un correlato físico de los modelos geométricos de la *Sintaxis matemática* y se trata de justificar desde el punto de vista físico la teoría relativa a cada uno de los planetas (recuérdese que la concepción ptolemaica no constituye un auténtico *sistema,* sino que se dan explicaciones particulares para cada planeta). Así pues, y como bien escribiera Robert Palter *«no sólo no se da una separación absoluta entre las dos clases de astronomía que Ptolomeo considera posibles, sino que tal separación ni siquiera se considera deseable: para Ptolomeo, como después para muchos otros astrónomos, el objetivo último de la astronomía es construir un sistema que sea a la vez cuantitativamente exacto, simple y físicamente verdadero (o, al menos, físicamente plausible). Cuando más cerca estuvo de la formulación de tal sistema fue en modelos de excéntricas y epiciclos descritos en el libro II de las* Hipótesis de los planetas. [12]

Las *Hipótesis de los planetas* —acaso la última de las obras escritas por Ptolomeo— [13] consta de dos libros, el segundo de los cuales se perdió en fecha temprana y únicamente se conservó en versiones árabes. Como quiera que es en este segundo libro donde Ptolomeo ensaya su descripción física del universo, resultan claras las razones de su virtual desconocimiento en Occidente durante toda la Edad Media (frente a su extraordinaria difusión en el mundo islámico). En realidad, el sistema de esferas concéntricas se había introducido ya al final del libro I, pero curiosamente toda esta parte no fue recogida —por razones aún inexplicables— en la *editio princeps* de Heiberg [14], En la actualidad sabemos, pues, que Ptolomeo aspiraba también a describir la estructura física del universo y a determinar el orden y la distancia de todos los planetas (a fin de poder estimar ulteriomente las dimensiones del universo), diseñando para ello un mecanismo físico a caballo entre las concepciones aristotélicas y estoicas [15]. Llegamos así a la conclusión de que Ptolomeo *«no fue un mero astrónomo matemático interesado única-*

12. Palter, *op. cit,* pág. 117.
13. De acuerdo con Otto Neugebauer, *A History of Ancient Mathematical Astronomy.* Berlín-Heidelberg-Nueva York, Springer Verlag, 1975, vol. II, pág. 901.
14. En *Opera astronomica minora,* ed. por J. L. Heiberg y L. Nix, Leipzig, Teubner. 1907.
15. Véase Franz Boll, «Studien über Claudius Ptolemäus». En *Jahrbücher für classische Philologie,* Suppl. Bd. 21, 1894, págs. 51-243.

mente en la descripción de los movimientos celestes. Se sintió también obligado, como astrónomo, a dar cuenta de la estructura física del universo, combinando la tradicional concepción del mismo a base de esferas estrechamente adosadas con su propia teoría de los movimientos planetarios. Le corresponde de este modo un nuevo lugar en la historia de la astronomía, apuntándose a la conclusión de que las diferencias que habitualmente se observan entre una escuela matemática y una escuela física de astrónomos son menores de lo que hemos venido creyendo». [16]

No significa esto, claro está, que no haya habido en la historia ningún conspicuo astrónomo ficcionalista, pero sí que las fronteras entre la astronomía matemática y la astronomía física no eran tan nítidas como se nos ha querido hacer ver. Por regla general lo que está en juego no es tanto una simple disyuntiva instrumentalismo/realismo como una cuestión que concierne al ideal de inteligibilidad teórica, esto es, un conflicto entre diversas formas de explicación de los fenómenos celestes (inteligibilidad matemática vs. inteligibilidad física), que no puede desvincularse en modo alguno de las situaciones problemáticas concretas que a cada autor le tocó vivir. En este sentido no es nada gratuito pensar que fueron las cada día más acuciantes exigencias astrológicas, náuticas, de reforma del calendario, etc., las que determinaron el desplazamiento del problema al puro conflicto entre predicción y explicación (instrumentalismo vs. realismo) en unos momentos en que —dada la situación del paradigma ptolemaico— la coherencia física redundaba en contra de la exactitud predictiva y viceversa. Ello explica a su vez que los escasos ficcionalistas auténticos (Pontano, Lefèvre d'Etaples, etc.) aparezcan en una fecha tardía, mientras que con anterioridad casi todos los casos resultan enormemente problemáticos y conflictivos. El instrumentalismo puro, entendido como opción metodolgógica, es una invención reciente, a la cual no es ajena el creciente auge del escepticismo durante el Renacimiento. La distinción introducida en el seno del conocimiento científico por el llamado *instrumentalismo* antiguo entre una parte cierta (los principios) y otra meramente probable (las explicaciones particulares), frente a lo que sucede en el moderno instrumentalismo de carácter convencionalista, constituye una prueba inmejorable de que se trata de cosas distintas.

IV

Por consiguiente, Copérnico no fue el primero en interesarse por la estructura física del universo, es decir, por su estructura *real.* En cierto modo, y esto se ha repetido ya hasta la saciedad, el astrónomo po-

16. Pedersen, *op. cit.,* pág. 395.

laco no pretendía sino poner en orden su disciplina desde la más pura ortodoxia aristotélica. Lo que le resultaba intolerable del ptolemaísmo de sus contemporáneos era su frivolidad a la hora de reinterpretar *ad hoc* sus teorías con vistas a salvaguardar el éxito predictivo. El objetivo (y el auténtico logro) de Copérnico es elaborar por fin un verdadero *sistema* del universo, y no ya un conglomerado de hipótesis particulares (satisfactorias desde el punto de vista predictivo, mas no así desde el explicativo). Con Copérnico la astronomía vuelve a hermanarse con la cosmología, de la que durante tanto tiempo había estado disociada en Occidente. Sin embargo, en los tiempos que corrían podía ser muy conveniente preservar ese hiato entre astronomía y cosmología. Eso era precisamente lo que Osiander había pretendido, intentando mitigar lo que de realmente nuevo había en la obra de Copérnico: una nueva cosmología. Hasta entonces tan sólo se había dispuesto de una cosmología consistente —la geocéntrica—, razón por la cual los astrónomos se habían concentrado en la teoría planetaria (único campo en que su *instrumentalismo* era considerado admisible), cuando no —como es el caso de buena parte de los astrónomos árabes— en la pura astronomía observacional. Ahora, a mediados de siglo XVI, eran ya dos las cosmologías en la palestra (la geocéntrica y la heliocéntrica): junto a los geocentristas recalcitrantes y los osados copernicanos surgió también una interesante *tercera vía* conocida como *interpretación de Wittenberg*.

Lo que caracteriza a ésta es su adopción de la teoría planetaria copernicana (con sus modelos y parámetros) como un conjunto de hipótesis auxiliares al servicio de la concepción geostática del universo [17]. Se trataba, pues, de aprovechar las ventajas de los nuevos cálculos sin comprometerse con la cosmología subyacente a los mismos, vertiente pragmática que se beneficiaba —por lo demás— de una cobertura filosófica y bíblica que garantizaba su ortodoxia. Este era justamente el barniz que había querido dar Osiander al copernicanismo, estrategia que tras él siguieron astrónomos como Reinhold, Praetorius o Peucer. Interesente expresión de sus puntos de vista es la dedicatoria de este último al Landgrave de Hesse-Cassel en su obra *Hypotheses astronomicae, seu theoricae planetarum* (1571), donde aboga simultáneamente por la prohibición de enseñar el heliocentrismo y la utilización indiscriminada de sus más ventajosos parámetros y modelos. En definitiva, pues, la obra de Copérnico no bastó en absoluto para imponer una concepción realista de las hipótesis astronómicas, ni menos aún para inaugurar una *physica coelestis*. ¿Dónde hay que buscar los orígenes de ésta? Puede responder sin titubeos: en Kepler. Ahora bien, ya hemos visto

17. Véase Robert S. Westman, «Three Responses to the Copernican Theory: Johannes Praetorius, Tycho Brahe, and Michael Maestlin». En R.S.Westman (ed.) *The Copernican Achivement*, pág. 286.

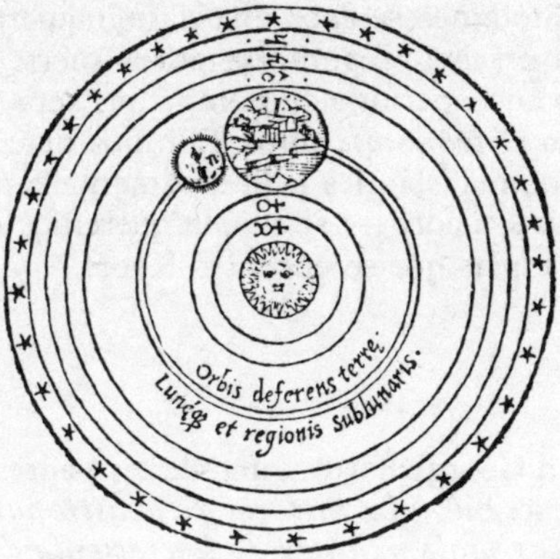

Fig. 9. El sistema copernicano del universo según Francesco Giuntini, *La sfera del mondo* (1582).

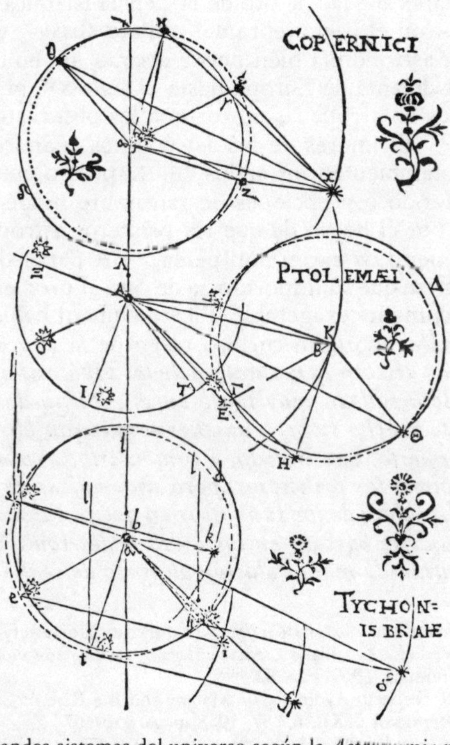

Fig. 10. Los tres grandes sistemas del universo según la *Astronomia nova* (1609) de Johannes Kepler.

cómo incluso en Ptolomeo se daba una clara inquietud en este sentido, por lo que resulta preciso preguntarse por la suerte de los modelos físicos del universo en el período de tiempo que separa las *Hipótesis de los planetas* de la *Astronomia nova.* Ello nos lleva necesariamente a examinar la astronomía islámica —precisamente la pieza que falta para recomponer nuestro cuadro—, si es que queremos definir finalmente las circunstancias en las que se encontró Kepler.

V

En una ocasión George Sarton, uno de los padres de la historiografía de la ciencia, escribió: *«La historia de la astronomía medieval es la historia de las ideas ptolemaicas y de la creciente disconformidad con ellas»* [18]. Hay mucho de cierto en sus palabras, pero si pensamos en la astronomía islámica se convierten en una verdad incuestionable.

Podemos datar la edad de oro de la ciencia islámica entre mediados del siglo VIII —con el nacimiento del califato abasí— y el siglo XII. En el campo de la astronomía bien puede decirse, sin embargo, que el Islam siguió por delante de Europa hasta el siglo XV, gracias sobre todo a las actividades desarrolladas en torno a los observatorios de Maraga y Samarcanda [19]. El interés de los astrónomos islámicos por el ptolemaísmo surge también en los siglos VIII-IX, puesto que hasta entonces se habían preferido concepciones de raigambre hindú y sasánida (explicable acaso por el hecho de que los primeros astrónomos islámicos eran por lo general de extracción persa) [20]. A partir de ese momento bien puede decirse que su importancia de cara al problema que nos ocupa resulta difícilmente exagerable. Pierre Duhem había llamado justamente la atención sobre un curioso rasgo de la astronomía islámica: *«La necesidad de discutir la naturaleza de las hipótesis astronómicas parece haberse desarrollado muy tarde en el espíritu de los astrónomos árabes. Durante mucho tiempo quienes estudiaron el* Almagesto *se limitaron a exponerlo, a resumirlo, a comentarlo, a construir tablas que permitiesen aplicar los principios, pero sin analizar en modo alguno el sentido y la naturaleza de los supuestos en que se basaba el sistema ptolemaico. En vano se buscará en los escritos de Abū-l-Wafā', de al-Farġānī o de al-Baṭṭānī la menor alusión al grado de realidad que conviene*

18. *Ancient Science and Modern Civilization.* Lincoln, University of Nebraska Press, 1954; se cita por la edición castellana *Ciencia antigua y civilización moderna,* México, Fondo de Cultura Económica, 1960, pág. 82.

19. Véase a este respecto Aydin Sayili, «Islam and the Rise of Seventeenth Century Science». En *Belletem,* vol. XXII, n.º 87, 1958, págs. 356-367.

20. Edward S. Kennedy, «The Arabic Heritage in the Exact Sciences». En *Al-Abhath,* vol. XXIII, núms. 1-4, 1970, pág. 341.

atribuir a las excéntricas y los epiciclos» [21]. La reacción tendría lugar en los siglos XI y XII de la mano de los peripatéticos de al-Andalus (Ibn Bāŷŷa, Ibn Ṭufayl, Ibn Rušd, Maimónides, al-Biṭrūŷī), todos ellos desengañados con el rumbo tomado por la astronomía ptolemaica en razón de su conflicto con la física aristotélica.

Como ya se apuntó anteriormente, las *Hipótesis de los planetas* de Ptolomeo gozaron de una amplia difusión en el mundo islámico. El contraste *prima facie* evidente entre el enfoque de esta obra y el del *Almagesto* constituía para los peripatéticos árabes un motivo de escándalo. Convencidos de que el astrónomo debía describir la estructura real del universo y de que los mecanismos de las *Hipótesis de los planetas* no era satisfactorios, se lanzaron a diseñar nuevos modelos físicos en la línea de las combinaciones de esferas engastadas que la tradición aristotélica había consagrado. En cuanto a los procedimientos de los llamados astrónomos matemáticos (excéntricos, epiciclos, ecuantes, etc.) eran tajantes: se trataba de constructos ficticios que no podían darse de hecho en los cielos. Este es también el punto de partida de Ibn al-Haytam, autor de una obra capital para la evolución de la astronomía realista: *al-Šukūk ʿalā Baṭlamyūs* (Objeciones a Ptolomeo).

En dicho tratado Ibn al-Hayṯam parte de un presupuesto fundamental: el movimiento de los cuerpos físicos reales sólo puede explicarse en función de la auténtica disposición de los mismos (y no en base a constructos imaginarios). En su opinión Ptolomeo no sólo había fracasado en su búsqueda de esta ordenación del universo, sino que —llega a decir— acabó defendiendo públicamente una que él mismo sabía falsa: *«(Ptolomeo) recopiló todo cuanto él mismo y sus predecesores habían verificado en relación a los movimientos de cada uno de los planetas. Buscó entonces una disposición que pudiera corresponder a los cuerpos sujetos a tales movimientos. Habiendo fracasado en su empeño supuso una ordenación ficticia en términos de líneas y círculos, a la cual se atribuían dichos movimientos (...) Por consiguiente, los mecanismos que para los cinco planetas supone Ptolomeo son falsos y él los postuló a sabiendas de que lo eran, en tanto que existe una verdadera disposición de los planetas que Ptolomeo no logró aprehender. Pues no puede haber un movimiento sensible, permanente y ordenado a menos que los cuerpos reales estén sujetos a un auténtico ordenamiento»* [22]. No es preciso entrar en los modelos del propio Ibn al-Haytam, pero sí merece la pena señalar algunas de las implicaciones de su toma de postura: ahora ya no se trataba de diseñar modelos físicos que se acomodasen a los movimientos descritos en la *Sintaxis matemática* (que

21. *Le système du monde,* vol. II, pág. 118.
22. *al-Šukūk ʿalā Baṭlamyūs.* Ed. por A. I. Sabra y N. Shehaby; El Cairo, The National Library Press, 1971, págs. 37-38 y 41-42.

era lo que se venía haciendo), sino más bien describir nuevos modelos que se correspondiesen mejor con la *realidad física.* Como muy bien ha señalado Abdelhamid Sabra en un ensayo fundamental [23], *al-Šukūk alā Baṭlamyūs* constituyó un poderoso revulsivo para todos los astrónomos árabes y, en especial, para los integrantes de la Escuela de la Maraga (Naṣīr al-Dīn al-Ṭūṣī, Quṭb al-Dīn al-Šīrāzī e Ibn al-Šāṭīr, principalmente), por más que éstos siguieran permaneciendo fieles al paradigma ptolemaico.

Esta breve singladura por la astronomía islámica debe de servir al menos para poner de relieve la existencia de un programa astronómico decididamente realista con anterioridad a la aparición del *De revolutionibus.* No se trata, por supuesto, de restar méritos a Copérnico, pero sí de hacer justicia a un nutrido grupo de astrónomos islámicos —hasta hace muy poco prácticamente ignorados por los historiadores de la ciencia— que contribuyeron decisivamente a potenciar una orientación alternativa del trabajo del astrónomo, que muy pronto habría de reaparecer con enorme vigor.

VI

Kepler podía haber optado cómodamente por la *interpretación de Wittenberg,* pero decidió correr el riesgo de apostar por la orientación realista. Como él mismo reconociera en el comienzo mismo de su carrera [24], las razones que le indujeron a adherirse al copernicanismo no fueron en absoluto de carácter matemático, sino más bien de carácter físico o —si se quiere— metafísico: *«Para Kepler, había una diferencia física esencial entre un universo geocéntrico y un universo heliocéntrico; sólo en este último caso podría suministrar el Sol a todo el sistema planetario la fuerza motriz central. De ahí que creyera firmemente en la realidad del sistema copernicano»* [25]. Por primera vez en la historia de la astronomía —dejando al margen las especulaciones heliocéntricas de la antigüedad— el Sol es el centro *matemático* (en la descripción de los movimientos celestes), *físico* (pues mantiene incesantemente en

23. «An Eleventh-Century Refutation of Ptolemy's Planetary Theory». En Erna Hilfstein, Pawel Czartoryski y Frank D. Grande (eds.), *Science and History. Studies in Honor of Edward Rosen; Studia Copernicana,* XVI; Wroclaw-Warszawa-Kraków-Gdansk, Zktad Narodowy Imienia Ossolinskich-Wydawnictwo Polskiej Akademii Nauk, 1978, págs. 117-131.

24. *Mysterium Cosmographicum.* En *Opera Omnia,* ed. por Christiaan Frisch; Frankfurt-Erlangen, Heyder & Zimmer, 1858-1871, I, 106.

25. Owen Gingerich, «From Copernicus to Kepler: Heliocentrism as Model and as a Reality». En *Proceedings of the American Philosophical Society,* vol. 117, n.º 6, 1973, pág. 521.

movimiento a los planetas) y *metafísico* (como templo de la divinidad) del universo. Al reducir el *Sol* medio al *Sol real* (en la ley de áreas, por ejemplo, el punto de referencia es el propio Sol), Kepler inauguró un sistema que ya no sólo es *heliostático,* sino auténticamente *heliocéntrico* [26]. Naturalmente para ello hubo de oponerse a la presentación que de la astronomía de Copérnico había hecho Osiander (de hecho, no perdió ocasión alguna para denunciar su impostura) y así lo hizo saber en su gran obra: *«Reconozco que pensar que puedan demostrarse los fenómenos de la naturaleza en base a causas falsas es la más absurda de las ficciones, pero esta ficción no se debe a Copérnico. Él* piensa *que sus hipótesis eran verdaderas (...) Y no sólo lo pensaba, sino que demostró que así era. Como prueba de ello ofrezco esta obra»* [27].

El gran problema con que se enfrentaba Kepler en su intento de elaborar una física celeste era explicar *por qué* se movían los planetas. Fiel todavía a la dinámica aristotélica, el astrónomo alemán entendía la *inercia* como una inclinación natural al reposo (esto es, como resistencia al movimiento). Era, pues, necesaria una determinada fuerza motriz que contrarrestara la inercia de los cuerpos celestes y les permitiera girar en sus órbitas. Tal papel, como ya hemos dicho, le correspondía al Sol: *«La fuerza que mueve a los planetas reside en el cuerpo del Sol»* [28]. Naturalmente no voy a entrar aquí en las particularidades del mecanismo ni, menos aún, en la laberíntica teoría de la gravitación pergeñada por Kepler, pero sí conviene insistir una vez más en las características que definen la empresa. Ya no basta con describir el funcionamiento de la máquina de los cielos, sino que se aspira a un *conocimiento causal* de la misma: ése es el sentido de la física celeste. Como muy bien señalara Gerald Holton en su conocido ensayo sobre la física y la metafísica keplerianas, *«el mundo físicamente real que define la naturaleza de las cosas es el mundo de los fenómenos explicables por medio de principios mecánicos»* [29]. La sentencia final llegará en el *Epitome Astronomiae Copernicanae: «Toda la astronomía teórica es parte de la física»* [30].

Como era de esperar, los contemporáneos de Kepler no encajaron nada bien su programa. Apenas publicado el *Mysterium Cosmographicum* (1596), el rector de la Universidad de Tübingen, M. Haffenreffer,

---

26. Sobre este punto, véase Owen Gingerich, «The Mercury Theory from Antiquity to Kepler». En *Actes du XIIe Congrès International d'Histoire des Sciences;* París, Librairie Scientifique et Technique Albert Blanchard, 1971, vol. III A, pág. 57.

27. *Astronomia nova.* En *Opera Omnia,* III, pág. 136.

28. *Ibid.,* III, pág. 300.

29. «Johannes Kepler's Universe: its Physics and Metaphysics». En *American Journal of Physics,* vol. 24, n.º 5, citado por su reedición en *Thematic Origins of Scientific Thought: Kepler to Einstein,* Cambridge, Mass., Harvard University Press, 1973, pág. 78.

30. *Gesammelte Werke,* IV, pág. 251.

se había apresurado a escribir al autor y —con las Sagradas Escrituras en la mano— le había aconsejado *«considerar las hipótesis de una manera puramente matemática, sin precouparse de si corresponden o no a las cosas creadas»* [31]. Muy poco antes, en mayo de 1597, Michael Mästlin, profesor de matemáticas y astronomía en dicha Universidad, escribía a Kepler (que había sido discípulo suyo): *«Temo realmente que, si se lleva hasta sus últimas consecuencias, tal punto de vista supondrá con toda seguridad la pérdida y la ruina de la astronomía»* [32]. El propio Mästlin en una carta muy posterior (1 de octubre de 1616, cuando el programa de la *physica coelestis* había sido ya plenamente desarrollado), expondría nuevamente sus ideas al respecto: *«Creo más bien que deberían dejarse al margen las causas físicas y que deberían explicarse las cuestiones astronómicas únicamente conforme al método astronómico, con la ayuda de hipótesis y causas astronómicas, mas no así físicas»* [33] A la vista de estos testimonios es fácil darse cuenta de cuáles fueron las razones que movieron a Kepler a ofrecer una justificación teórica de su actitud en la *Apologia Tychonis contra Nicolaum Ursum.*

Las raíces de esta obra no han de buscarse, sin embargo, en un plano puramente intelectual: fueron motivos bastante más mundanos los que aconsejaron a Kepler su redacción. Nicolaus Reymers —conocido por el sobrenombre de Raimarus Ursus— había plagiado en su *Fundamentum astronomicum* (1588) el sistema del mundo que ideara Tycho Brahe y que acababa de exponer en su obra *De mundi aetherei recentioribus Phaenomenis* (1588). Kepler escribió a Reymers desde Graz el 15 de noviembre de 1595 felicitándole por lo que creía su destreza matemática y comunicándole su teoría acerca de la correlación entre los sólidos geométricos platónicos y las distancias entre los diferentes planetas. Como quiera que Tycho Brahe se aprestó a reivindicar sus méritos, el plagio salió a la luz pública y Kepler —deseando por encima de todo estar a bien con el astrónomo danés— se excusó ante éste y prometió redactar un escrito en su defensa. A la vergüenza de haberse equivocado en sus apreciaciones y la voluntad de reparar su error unió Kepler otros motivos estrictamente personales: el insaciable Reymers publicó en su *De astronomicis hypothesibus* (1597), sin permiso de su corresponsal, los resultados que éste le había comunicado en la mencionada carta. El opúsculo de Kepler quedó incabado a raíz de de las muertes de Reymers (1599) y Brahe (1601), con lo que la polémica quedaba fuera de lugar. Esa fue la razón de que la obra permaneciera

31. Carta del 12 de abril de 1598. En *Gesammelte Werke,* XIII, pág. 203.
32. Carta de marzo de 1597. Citada por Richard Jarrell, «Mästlin's Place in Astonomy». En *Physis,* vol. XVII, n.º 1-2, 1975, pág. 19.
33. Citado por Gerald Holton, *op. cit.,* pág. 76.

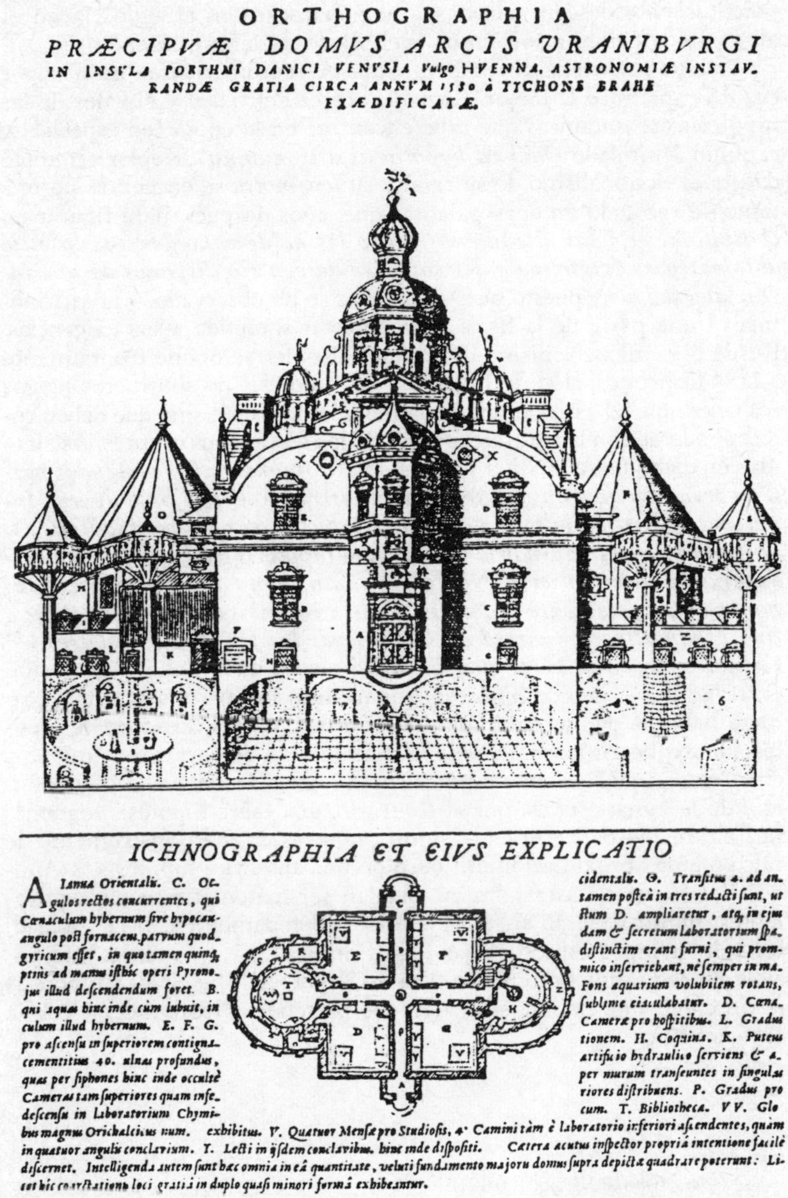

ORTHOGRAPHIA
PRÆCIPUÆ DOMUS ARCIS URANIBURGI
IN INSULA PORTHMI DANICI VENUSIA Vulgo HUENNA, ASTRONOMIÆ INSTAU-
RANDÆ GRATIA CIRCA ANNUM 1580 à TYCHONE BRAHE
EXÆDIFICATÆ.

ICHNOGRAPHIA ET EIUS EXPLICATIO

A Ianua Orientalis. C. Oc-
gulos rectos concurrentes, qui
Cœnaculum hybernum sive hypocau-
angulo post fornacem parvum quod-
gyricum esset, in quo tamen quinq;
ptriis ad manus isthic operi Pyrono-
jus illud descendendum foret. B.
qui aquas hinc inde cùm lubuit, in
culum illud hybernum. E. F. G.
pro ascensu in superiorem contigna-
cementitius 40. ulnas profundus,
quas per siphones hinc inde occultè
Cameras tam superiores quam infe-
descensu in Laboratorium Chymi-
bus magnus Orichalcicus num.

cidentalis. O. Transitus 4. ad an-
tamen posteà in tres redacti sunt, ut
ctum D. ampliaretur, atq; in ejus
dam & secretum laboratorium spa-
distinctim erant furni, qui prom-
mico inserviebant, nè semper in ma-
Fons aquarium volubilem rotans,
sublime eiaculabatur. D. Cœna-
Cameræ pro hospitibus. L. Gradus
tionem. H. Coquina. K. Puteus
artificio hydraulico serviens & a-
per murum transeuntes in singulas
riores distribuens. P. Gradus pro
cum. T. Bibliotheca. VV. Glo

exhibitus. V. Quatuor Mensæ pro Studiosis, 4· Camini tàm è laboratorio inferiori ascendentes, quàm in quatuor angulis conclavium. Y. Lecti in ijsdem conclavibus hinc inde dispositi. Cætera acutus inspector propriá intentione facilè discernet. Intelligenda autem sunt hæc omnia in eâ quantitate, veluti fundamento majoru domus supra depictæ quadrare poterunt: Licet hic coarctationis loci gratiâ in duplo quasi minori formâ exhibeantur.

Fig. 11. El gran observatorio de Tycho Brahe, Uraniborg, en la isla de Hven.

prácticamente desconocida hasta su publicación en el siglo XIX en el marco de la primera edición de las obras completas de Kepler.

La *Apologia* tiene, sin embargo, una extraordinaria importancia por cuanto constituye la mejor discusión acerca del *status* y el valor de las hipótesis astronómicas que cabe encontrar en la época (en especial su capítulo 1, titulado *Quid sit hypothesis astronomica*). Kepler arremete contra el ficcionalismo de su rival y su *leit-motiv* se encuentra perfectamente recogido en unas palabras que, años después, hará figurar en el *Epitome*: *«A los astrónomos no se les ha de conceder una licencia absoluta para fingir cualquier cosa que deseen sin disponer de una razón adecuada»* [34], puesto que —como ya se ha observado— la astronomía es una parte de la física y ha de estar sometida a sus exigencias. Desde el comienzo mismo del tratado, Kepler se opone frontalmente a la lúdica concepción de Reymers: las hipótesis no son meros juegos (cálculos) que el astrónomo pueda manejar a placer, sino que deben corresponderse con la naturaleza física de los fenómenos celestes. Así, leemos en dicho texto: *«No es posible en astronomía que sea en todas partes verdadero aquello que se puede construir sobre la base de una hipótesis de partida falsa, y por eso es característico de las hipótesis (si queremos representarnos la idea de una hipótesis adecuada) el ser verdaderas en toda situación. No es, por tanto, digno de un astrónomo suponer deliberadamente hipótesis falsas o ingeniosamente inventadas a fin de demostrar en virtud de las mismas los fénómenos celestes.»* [35] Kepler ejemplifica en el caso del movimiento de la Luna la distinción entre las dos clases de hipótesis que utilizan los astrónomos: una primera hablaría de una órbita elíptica, en tano que el otro tipo de hipótesis lo explicaría por medio de la combinación de varios movimientos circulares. Aquélla es una hipótesis física, pues describe el movimiento *real* de la Luna; ésta es, por el contrario, una mera hipótesis matemática. Lo cual —para Kepler— significa que es un mero instrumento de cálculo, una aproximación útil pero no una auténtica hipótesis [36]. Aunque dos hipótesis astronómicas puedan ser matemáticamente equivalentes, nunca lo serán si se las contrasta debidamente con la realidad; tendrán siempre consecuencias físicas diferentes y, por tanto, será posible en todo momento una contrastación crucial. Elegir una hipótesis no es elegir una ficción, sino algo que pretende corresponderse con la realidad física.

34. *Opera Omnia,* VI. pp. 120-121.
35. *Opera Omnia,* I. p. 241.
36. *Ibíd.,* p. 246.

VII

Galileo abrazó de inmediato la idea de que no había motivo alguno para que la astronomía fuera tratada, en el plano epistemológico, de manera diferente a las otras ciencias. Podría parecer que, luego de la brillante labor de Kepler, apenas restarían obstáculos en el camino del científico italiano. Nada de esto: si bien es cierto que la mayor parte de los argumentos teóricos estaban ya sobre la palestra, no lo es menos que en la práctica eran aún muy fuertes las reticencias a aceptar la verdad física del copernicanismo (como resultado inmediato del triunfo de la orientación realista). Paradójicamente, la situación se había agravado: la obra magna de Copérnico apenas había despertado sospechas en su momento (en parte por el prefacio de Osiander), en tanto que ahora si lo hacía y acabaría engrosando las páginas del *Indice de Libros Prohibidos* en 1616 (gracias a la inestimable colaboración del propio Galileo). La reacción eclesiástica era cada vez más severa y diríase que el autor del *Dialogo sopra i due massimi sistemi del mondo* sólo por verdadero milagro logró eludir la suerte, realmente nefasta, de Giordano Bruno.

La historia de la condena de Galileo es tan conocida que parece más que excusable evitar reproducirla por enésima vez. Acaso lo único que convenga resaltar sea el hecho de que la Iglesia (en cuyo seno los jesuitas tendían progresivamente a adoptar el sistema de Tycho Brahe, frente a la total intransigencia de los dominicos) optase por disuadir a Galileo de presentar la cosmovisión copernicana como una descripción verdadera del universo. Así, el cardenal Bellarmino le recomendó en diversas ocasiones no traspasar el ámbito de lo hipotético, dentro del cual nada tendría que temer de la Santa Sede. Entendido como un mero instrumento predictivo (como un artilugio técnico para el cálculo posicional) y no como una descripción verosímil del universo, el sistema copernicano podía esquivar sin dificultad los desacuerdos evidentes son ciertos pasajes bíblicos. Galileo no podía dar un paso en falso y así encontramos su *Dialogo* salpicado de inoportunos incisos en donde se ve obligado a insistir en el carácter puramente hipotético del sistema heliocéntrico. Pero de nada le sirvió el subterfugio: sus opiniones eran demasiado bien conocidas como para pretender camuflarlas. Por lo demás, esto era algo que a la postre de un individuo del temperamento de Galileo no podría soportar. Convencido como estaba de la verdad de su sistema, pedirle que callara era perseguir un imposible.

El texto clave para poder comprender cabalmente la posición de Galileo con respecto al problema de la equivalencia de las hipótesis astronómicas jamás llegó a ser publicado en la época. Favaro lo recogió al proceder a la edición de las obras galileanas y le puso por título *Considerazioni circa l'opinione copernicana* puesto que el original no tenía ninguno. Se trata de un breve texto compuesto en abril o mayo de 1615 como respuesta a la carta de Bellarmino al padre Foscarini donde aconsejaba a éste y a Galileo contentarse con hablar *ex suppositione.*

Maurice Clavelin ha visto muy bien cómo la idea que preside todas las reflexiones de Galileo en las *Considerazioni* es que la aceptación de la equivalencia de las hipótesis supondría renunciar al derecho de determinar lo que es verdadero y lo que es falso en la ciencia[37]. Además, significaría renunciar a un auténtico ideal explicativo. Al igual que Kepler, Galileo es plenamente consciente de la diferencia entre el astrónomo matemática y el astrónomo filósofo (vale decir, entre la concepción de la astronomía como una empresa cuyo fin es salvar las apariencias y un enfoque realista de la misma). Coincide también con él en su interpretación del proceder del Copérnico, quien —fuera de toda duda— aspiraba a ofrecer el sistema *verdadero* del universo y no una mera descripción ventajosa. La hipótesis copernicana, como dirá Galileo en uno de sus textos más explícitos[38] no se introdujo para satisfacer al astrónomo, sino plegándose a la necesidad de la propia naturaleza.

Leyendo atentamente la *Considerazioni circa l'opinione copernicana* podemos darnos cuenta de que el rechazo del ficcionalismo por parte de su autor deriva de una actitud totalmente consciente. No se trata de rechazarlo en la misma medida en que, de forma paralela, se acepta el copernicanismo. Su actitud responde a una intencionalidad filosófica muy precisa, coherente por lo demás con su concepción de la ciencia. Galileo era consciente de que el heliocentrismo no era una simple hipótesis de recambio, sino que definía una cosmología completamente diferente. Clavelin, sintetizando el espíritu del texto galileano, ha apuntado: *«La diferencia ente el sistema copernicano y el ptolemaico no es la existente entre dos artificios destinados a salvar los fenómenos celestes, sino más bien entre dos cosmologías, es decir, dos filosofías naturales irreconciliables en razón misma de sus supuestos básicos.»* [39] La revolución copernicana fue también una revolución epistemológica, por medio de la cual quedó definido un (nuevo) patrón de racionalidad científica que habría de imponerse en los años sucesivos. Podemos, pues, suscribir la justa conclusión de Laudan: *«El debate sobre las pretensiones de verdad de la astronomía, aunque extremadamente importante de por sí, fue sólo el preludio de una discusión mucho más amplia acer-*

---

37. «Galilée et le refus de l'équivalence des hypothèses». En *Revue d'Histoire des Sciences,* vol. XVII (1964); se cita por su rimpresion en la obra colectiva *Galilée. Aspects de sa vie et de son oeuvre,* París, Presses Universitaires de France, 1968, pp. 151-152.

38. *Le Opere di Galileo Galilei,* ed. por Antonio Favaro; Firenze, S. A. G. Barbèra Editore, 1890-1909, V. p. 335.

39. Clavelin, *op. cit.,* p. 146.

ca de problemas metacientíficos generales que pronto iba a seguirle.» [40] En efecto, la polémica sobre el *salvar las apariencias* —con el triunfo a la postre de la opción realista— supuso en los albores de la modernidad, en los orígenes de la Revolución Científica, el primer gran cuestionamiento de las viejas tradiciones metodológicas legadas por la antigüedad. Fue, por así decir, el primer aldabonazo contra esa tan extendida fe ciega en la autoridad que por mucho tiempo había constituido el gran obstáculo para el progreso científico.

40. Laurens Laudan, «Theories of Scientific Method from Plato to Mach: A Bibliographical Review». En *History of Science,* vol. 7. 1968, p. 19.

GALILEO Y EL IDEAL EXPLICATIVO ARISTOTÉLICO*

1. GALILEO, ARISTÓTELES Y LOS PERIPATÉTICOS

La tesis que se va a mantener a lo largo de este ensayo es que el ideal explicativo galileano tienen sus raíces en la teoría de la ciencia de Aristóteles y no tanto en las concepciones platónicas con las que tan a menudo se le emparenta. Antes de entrar en detalles será preciso, sin embargo, despejar en la medida de lo posible la perplejidad que inicialmente pudiera despertar la asociación del nombre de Galileo con el del Estagirita (a quien habitualmente se presenta como su enemigo mortal). Cierto es que Galileo había llegado a escribir cosas tales como lo que sigue:

> «Cuántas proposiciones he encontrado en Aristóteles (me refiero siempre a la filosofía natural) que no sólo son falsas, sino que lo verdadero es justamente lo contrario» (VII, 180)[1].

Pero también es verdad que la extraordinaria dureza de esta afirmación queda convenientemente matizada por la restricción introducida por el paréntesis. Galileo pretende echar definitivamente por tierra la física aristotélica, mas se cuida de dejar a salvo de su crítica la concepción general de la ciencia del Filósofo; de no haber estado de acuer-

* Publicado originalmente en *Asclepio,* vol. XXXIV [1982], págs. 199-217.

1. Todas las citas y referencias de Galileo remiten a la *Edizione Nazionale* de sus obras: *Le Opere di Galileo Galilei* (Firenze, S.A.G. Barbèra Editore, 1890-1909), preparada por Antonio Favaro.

do con ésta, no cabe duda de que no hubiera dejado de manifestar claramente su divergencia. Por el contrario, en cuestiones de carácter metodológico, Galileo apelaba invariablemente al auténtico Aristóteles (y no a aquella imagen de éste propiciada por sus seguidores).

Galileo consideraba perfectamente lógico que el Estagirita hubiera errado en muchos puntos de su filosofía natural. No disponía, por ejemplo, de nuestros medios para observar los cielos (el telescopio) y consiguientemente no podía sino ser víctima de esta limitación. Galileo se manifiesta en diversas ocasiones sobre este punto [2] y expresa siemrpe su confianza en que, de vivir en el siglo XVII, Aristóteles cambiaría gustosamente de opinión. Sus opiniones concretas en cuestiones de filosofía natural no definen sustancialmente su *modo de filosofar;* antes bien, éste es independiente de aquéllas. Efectivamente, fue su voluntad de anteponer la experiencia a cualquier clase de especulación lo que le llevó a mantener —de forma totalmente coherente— la inmutabilidad de los cielos, puesto que ningún cambio parecía operarse en ellos. Ahora que se habían llegado a observar sensibles alteraciones en ellos, un auténtico aristotélico —pensaba Galileo— mudaría inmediatamente su opinión. Quienes continúan afirmando la inmutabilidad se aferran a la letra del aristotelismo, pero traicionan su espíritu desoyendo lo que la experiencia nos revela. Esta es la triste suerte del legado del Filósofo, desvirtuado al máximo por discípulos obtusos e incompetentes. Galileo se esforzará continuamente por desenmascarar a estos usurpadores, que no merecen el título de filósofos. A los largo de todo el *Dialogo sopra i due massimi sistemi del mondo* procurará distinguir nítidamente entre Aristóteles y los peripatéticos, tal y como se hace patente en este pasaje de la Tercera Jornada:

> «SIMPLICIO. Creo que, si llegara el caso, los peripatéticos...
> SALVIATI. No pregunto a los peripatéticos, sino al propio Aristóteles, pues aquéllos sé muy bien lo que responderían. Como humildes y respetuosos esclavos de Aristóteles negarían todas las experiencias y observaciones del mundo, rehusando incluso ser testigos de las mismas para no tener que dar su brazo a torcer, y dirían que el mundo es como afirma Aristóteles y no como quiere la naturaleza: pues privados de tal autoridad, ¿con qué otro apoyo podrían comparecer públicamente? Pero, en fin, decidme sencillamente qué es lo que creéis que hubiera hecho el propio Aristóteles» (VII, 348).

Es, sin embargo, al comienzo de la Segunda Jornada (VII, 136-39) donde se encuentra el texto más claro y contundente de Galileo en su feroz oposición al dogmatismo de los peripatéticos (su considerable lon-

2. Véase, por ejemplo, la Primera Jornada del *Dialogo* (VII, 75) o la carta a Fortunio Liceti, fechada el día 15 de septiembre de 1640 (XVIII, 249-250).

gitud excusará que no se reproduzca aquí). Acusado por Simplicio de no respetar como conviene al doctor Aristóteles, Salviati encadena una serie de agudas críticas a la actitud de los secuaces del maestro griego. Reprochándoles servirse a los escritos de éste como refugio de su propia ignorancia, Galileo articula un brillante discurso contra la enojosa costumbre de los peripatéticos de su tiempo consistente en recurrir a la autoridad de los antepasados ante el menor aprieto. Su descaro les hacía llegar hasta el punto de justificar este hábito; así, Giorgio Coresio escribía en su *Operetta intorno al galleggiare de'corpi solidi* (Florencia, 1612):

> «Pues una de las maravillas de la naturaleza consiste en haber creado un maestro en cada ciencia y en cada arte; en efecto, ha hecho recaer sobre algunos individuos el don de su magisterio y les ha hecho ver la belleza de sus ideas para que luego otros se remitan a ellos y sepan qué norma seguir» (IV, 210).

Como muy expresivamente ha dicho Maurice Clavelin, en la tradición aristotélica *el arte de la cita* ha sustituido al arte de la investigación» [3]. El objetivo primordial de las invectivas de Galileo es esta obstinada negativa a cambiar una sola coma de los escritos de Aristóteles, y no —como sus adversarios creían— desacreditar al gran pensador griego. El pisano aprovechó la ocasión que le brindaba la respuesta de Castelli a los críticos de su tratado de hidrostática [4] para expresar claramente su opinión:

> «Con su filosofía el señor Galileo no tiene el propósito de atacar a Aristóteles ni de revivir opiniones antiguas, sino únicamente de decir la verdad. Si para descubrirla es preciso atacar a Aristóteles o revivir opiniones antiguas, nada de ello será con mala intención o por puro capricho, sino por amor a la verdad. Pues, como es justo, antepone esto a cualquier otra cosa, del mismo modo que en las cuestiones naturales ante-

3. Maurice Clavelin, *La philosophie naturelle de Galilée* (París, Armand Colin, 1968), pág. 391.

4. El *Discorso intorno alle cose che stanno in su l'acqua o che in quella si muovono* (1612) de Galileo había suscitado, entre otras muchas críticas, las de Lodovico delle Colombe y Vincenzio di Grazia, autores respectivamente de un *Discorso apologetico intorno al discorso di Galileo Galilei circa le cose che stanno sù l'acqua, o che in quella si muovono* (Florencia, 1613) y de unas *Considerazioni sopra'l discorso de Galileo Galilei intorno alle cose che stanno su l'acqua, a che in quella si muovono* (Florencia, 1613). A modo de réplica a estas críticas, Benedetto Castelli publicó una *Risposta alle opposicioni del S. Lodovico delle Colombe, e del S. Vincenzio di Grazia, contro al trattato del Sig. Galileo Galilei, delle cose che stanno sù l'acqua, o che in quella si muovono* (Florencia, 1615), que en realidad estaba escrita en su mayor parte —aun cuando no lo firmara— por el propio Galileo. Cabe, por consiguiente, ver en el texto ahora citado su punto de vista sobre la cuestión.

pone la naturaleza misma a la autoridad de cualquier autor famoso, cosa que todo aquél que aspira a filosofar correctamente debería hacer también» (IV, 466-467).

El dogmatismo aristotélico revela la impotencia de sus huestes para hacer frente a los problemas de la investigación natural. El aristotelismo ha devenido un programa degenerativo que intentà salvarse reinterpretando de una manera *ad hoc* los nuevos hechos; a remolque de explicaciones mas satisfactorias, la ciencia aristotélica encuentra su último reducto en las palabras del Filósofo. Galileo pretende deslindar esta versión degenerada de la filosofía natural aristotélica del gran valor de sus presupuestos epistemológicos (de su teoría de la ciencia). Las concepciones metodológicas del maestro griego le merecen la más alta estima, hasta el punto de reconocerse a sí mismo como un aristotélico:

«Me parece que ser un auténtico peripatético —es decir, un filósofo aristotélico— consiste fundamentalmente en filosofar de acuerdo con las enseñanzas de Aristóteles, procediendo con aquellos métodos y aquellas suposiciones y principios verdaderos en los cuales se funda el discurso científico, suponiendo...» (XVIII, 248) [5].

Parece, pues, que existen motivos fundados para acercar a Galileo a ciertos planteamientos genéricos del pensamiento aristotélico. Philip Wiener observó ya en los años treinta [6] cómo éste participa tanto o más de la tradición aristotélica que de la tradición que vagamente cabe denominar *'platónica'*. Galileo pretendería hacer ciencia según las directrices del Estagirita, aunque esto le llevase a conclusiones diferentes de las que éste obtuviera en el siglo IV a C. El ideal explicativo galileano sería un ideal de corte aristotélico. No obstante, resulta difícil pensar (a la luz de sus propias declaraciones) que Galileo encontrase en los peripatéticos de su tiempo un modelo a imitar. Por esta razón no podemos sino recelar de la única interpretación coherente que —hasta hace pocos años— ha tratado de insertarle en el marco de dicha tradición aristotélica, a saber, aquélla que ha querido verle como un epígono de la teoría de la ciencia de los peripatéticos paduanos.

---

5. Este texto, perteneciente a una carta enviada a Fortunio Liceti con fecha de 15 de septiembre de 1640, no hace sino reproducir un argumento idéntico contenido en otra carta al mismo destinatario correspondiente al 25 de agosto anterior. En el fragmento homólogo de esta carta (XVII, 234) Galileo insiste en los mismos puntos, pero se cuida particularmente de demarcarse de los peripatéticos de la época; en concreto, afirma ser mejor aristotélico que quienes siniestramente se sirven de las doctrinas del maestro para ocultar su propia ignorancia.

6. Philip P. Wiener, «The Tradition behind Galileo's Methodology» (en *Osiris,* vol. I [1936], págs. 733-46), pág. 737.

2. LA ESCUELA DE PADUA Y EL MÉTODO RESOLUTIVO-COMPOSITIVO

Fue Ernst Cassirer [7] quien primero señaló la influencia determinante de la tradición metodológica representada por Jacopo Zabarella sobre el pensamiento de Galileo. Este sería, en particular, heredero directo del método resolutivo-compositivo pergeñado por los aristotélicos paduanos y cuya forma más depurada cabría encontrar en las páginas de las *Opera Logica* (Venecia, 1578) de Zabarella. La sugerencia fue recogida y desarrollada por J. H. Randall, Jr., en 1948, amplificándola más allá de los márgenes en que Cassirer la había formulado. Randall —como el neokantiano alemán— era un decidido continuísta y pensaba que el método de la ciencia moderna era el menos nuevo de cuantos elementos concurrieron en su formación. La concepción de la ciencia que habría de imponerse con la Revolución Científica del siglo XVII tenía sus raíces en el mundo helénico y, por consiguiente, habría que ver en la recuperación del saber antiguo iniciada en el siglo XII la primera etapa en el camino hacia la ciencia moderna. Los occamistas oxonienses y parisienses del siglo XIV, así como los averroístas paduanos de los siglos XIV, XV y XVI marcarían, sin duda alguna, un hito fundamental en esa evolución. Los averroístas fueron en un principio menos críticos que los occamistas (limitándose a producir comentarios a las obras del maestro), pero a partir del siglo XV comenzaron a realizar aportaciones originales y lograron que el centro del desarrollo de las ideas científicas se desplazase de París a las universidades del norte de Italia. La escuela aristotélica paduana sería, pues, el último eslabón en el proceso de construcción del método de la ciencia moderna.

Por lo que respecta a Galileo, la tesis de Randall es tajante: fue un perfecto aristotélico paduano en cuanto a su método y su filosofía (recordándonos el puesto que ocupó en la universidad de dicha ciudad durante casi veinte años). La metodología galileana derivaría sustancialmente del método resolutivo-compositivo de Zabarella, al cual —como con anterioridad sostuviera Cassirer— sólo había que añadir el componente matemático para obtener el «*nuevo método*» de la ciencia setecentista. En cualquier caso, para Randall, la concepción hipotético-deductiva del procedimiento científico (que supuestamente recibiría su espaldarazo con Galileo) estaba ya claramente formulada a comienzos del siglo XVI en los ambientes universitarios de Padua.

7. Ernest Cassirer, *Das Erkenntnisproblem in der Philosophie und Wissenschaft der neueren Zeit, I* (Berlín, Bruno Cassirer, 1906; se cita por la edición castellana *El problema del conocimiento en la filosofía y en la ciencia modernas,* México, Fondo de Cultura Económica, 1953), págs. 155-56.

8. J. H. Randall, Jr. «The Development of Scientific Method in the School of Padua» (en *Journal of the History of Ideas,* vol. I [1940], págs. 177-206).

La distinción entre un método resolutivo y un método compositivo aparece ya en el *Conciliator differentiarum philosophicorum et praecipue medicorum* (1310) de Pietro d'Abano. Profesor de filosofía y medicina en la Universidad de Padua a partir de 1307, D'Abano trataba de reconciliar ambas disciplinas en dicha obra y es sólo de manera accidental como aparece la distinción entre ambos métodos. Apelando a Aristóteles y Galeno como promotores de la misma (aunque se remita a Cicerón y Boecio en cuanto a su denominación), D'Abano se refería únicamente a dos métodos de demostración y en absoluto contemplaba una posible relevancia heurística. Habría que esperar hasta comienzos del siglo XV para que Hugo de Siena (profesor de medicina en Padua, Ferrera y Parma) apuntara las primeras directrices para combinarlos e intuyera sus posibilidades como método de descubrimiento. Este doble procedimiento (que iría de los efectos a la causa, tratando luego de explicar aquéllos a partir de ésta) fue bautizado en el siglo XVI con el término averroísta *regressus*. El mayor problema radicaba en evitar que se incurriese en un proceso circular: el método resolutivo-compositivo debía ser una fuente de nuevos conocimientos. Bernardinus Tomitanus (profesor de lógica en Padua y maestro de Zabarella) fue no sólo uno de los más decididos partidarios del *regressus*, sino también el primero en identificar el momento resolutivo con la inducción. Sin embargo, el tratamiento más exhaustivo y sugerente del problema llegaría con Agostino Nifo y Jacopo Zabarella.

Nifo, conocido editor y comentarista de las obras de Averroes, distinguió entre dos clases de demostración: *demonstratio simpliciter* y *demonstratio coniecturalis*. Todas las demostraciones matemáticas y algunas físicas (de las cuales Nifo no da ningún ejemplo) son de aquella clase —forma superior de demostración—, pero la mayor parte de las demostraciones físicas son meramente conjeturas o hipotéticas, puesto que no se puede determinar con absoluta certeza la causa de un fenómeno. De este modo, el *regressus* toma en Nifo la forma de una demostración *ex hypothesi*. Randall y sus seguidores tradujeron siempre *coniecturalis* por «conjetural» o «hipotético», dando así pie a una interpretación probabilista de la naturaleza del conocimiento científico. Sin embargo, Nicholas Jardine [8] —ahondando en el origen ciceroniano del término— ha encontrado un segundo sentido de *coniecturalis:* relativo a una cuestión disputada, pero cuya conclusión está fuera de toda duda. Por tanto, en un *syllogismus coniecturalis* no hay por qué dudar de la verdad de la conclusión: lo que está en juego es únicamente la necesidad del vínculo entre premisas y conclusión (es decir, si define una

9. Nicholas Jardine, «Galileo's Road to Truth and the Demonstrative Regress» (en *Studies in History and Philosophy of Science,* vol. VII [1976], págs. 277-318), págs. 293-94.

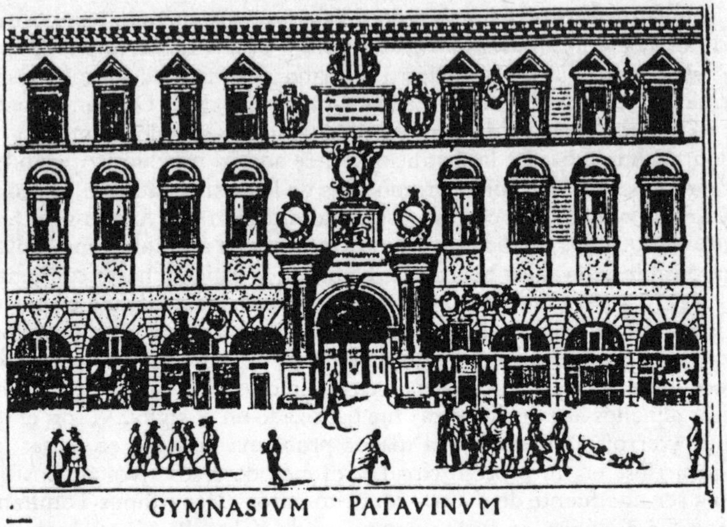

Fig. 12. La Universidad de Padua según sendos grabados de la época.

relación entre causa y efecto o una mera conjunción constante entre dos estados o acontecimientos). Cabe, pues, dudar que Nifo afirme la naturaleza tentativa y provisional del conocimiento científico. Incuestionable es, por el contrario, que Zabarella está muy lejos de pensar en una ciencia hipotética.

En el tratado *De methodis* (obra incluida en sus *Opera Logica),* Zabarella distingue, por un lado, los métodos de exposición o comunicación y, por otro, los métodos heurísticos. Es dentro de éstos donde incluye el *methodus compositiva* y el *methodus resolutiva,* los cuales combina mediante la doctrina del *regressus.* El discurso de Zabarella sobre el *regressus* es —como ha advertido Jardine [10]— laberíntico y casi inaccesible, por lo que resulta extraordinariamente difícil caracterizar de forma precisa su posición. Parece, no obstante, claro que no contempla más que dos clases de procedimientos científicos: aquel que va de los efectos a la causa *(methodus resolutiva)* y el que —a la inversa— va de ésta a aquéllos *(methodus compositiva).* El ideal sigue siendo el método analítico de los matemáticos, pero las limitaciones de nuestra mente nos obligan a recurrir a un método subsidiario (el resolutivo) que nos permita acceder a las causas y principios a partir de los efectos; ahora bien, si estuviéramos en posesión de los principios, la *resolutio* sería supérflua. A decir verdad, son dos los métodos de resolución: la demostración a partir de los efectos y la inducción. Esta última es una forma mucho más débil de resolución y se emplea únicamente para descubrir aquellos principios sensibles cuyas instancias se conocen sensorialmente (la resolución en sentido fuerte permitía inferir a partir de los efectos principios cuyas instancias no sean sensibles: primer motor...). La noción de inducción manejada por Zabarella no tiene nada que ver con la moderna noción de inducción: no consiste en una búsqueda de generalizaciones contingentes relativas a regularidades observadas en la sucesión de acontecimientos, sino en un proceso psicológico pasivo por medio del cual el entendimiento aprehende las definiciones esenciales de las clases de objetos. La inducción es, por tanto un proceso psicológico de abstracción que nos permite acceder a la verdad de la que será la premisa mayor de la demostración ulterior. En conclusión, la doctrina del *regressus* (al menos en la formulación de Zabarella) no anticipa en modo alguno un enfoque hipotético-deductivo de orientación empirista; antes bien, revela una absoluta confianza en la capacidad del espíritu humano para descubrir las causas de los fenómenos y en ningún momento pone en duda la posibilidad de llegar a una prueba o demostración verdadera y rigurosa. Si a ello añadimos la permanencia de Zabarella dentro de los más estrictos márgenes del empirismo observacional aristotélico (ajeno por compleho a la manipulación y el control

10. Jardine, *op. cit.,* págs. 208.

artificial de los datos de la experiencia) y su absoluto desinterés por una posible utilización de las matemáticas en la filosofía natural, estaremos autorizados a afirmar que nada hay en su teoría de la ciencia que permita establecer con rigor su parentesco con el método de la nueva ciencia.

Tampoco tiene sentido, pues, sostener que la metodología galileana no es más que una variante de las concepciones desarrolladas por la escuela de Padua. El hecho de que Galileo emplee a veces la terminología consagrada por los paduanos [11] no debe inducirnos a error, puesto que junto a ello es posible encontrar pasajes en los que critica esplícitamente las tesis que subyacen a tales términos [12]. En cuanto a Zabarella, es posible que Galileo ni siquiera tuviese un conocimiento directo de su obra: de hecho, parece ser que en su biblioteca no figuraba copia alguna de sus trabajos, aunque sí incluía ejemplares de las obras de otros aristotélicos como Cremonini, Chiaramonte o Liceti. Por lo demás, en las críticas reiteradas y sistemáticas a los peripatéticos Galileo nunca hace excepción con el autor del *De methodis*. Bien cabría decir —con Stillman Drake [13]— que el auténtico continuador de Zabarella fue Cesare Cremonini, cuyos planteamientos difícilmente podrían ser más opuestos a los del pisano.

A la vista de todos estos datos, parece justo concluir que la importancia del método resolutivo-compositivo para la teoría galileana de la ciencia ha sido enormemente exagerada. En último término, la deuda contraída con los aristotélicos de Padua (si es que merece la pena hablar de ella, pues remite a la postre al método de análisis y síntesis de los matemáticos griegos) sería francamente trivial. Como brillantemente ha ironizado a este respecto Alexandre Koyré, *«parece que todo el mundo ha sabido siempre que había que intentar reducir las combinaciones complejas a los elementos simples y que las suposiciones (hipótesis) debían ser «verificadas» o «falsadas» por deducción y confrontación con los hechos. Uno está tentado a aplicar a la metodología el célebre dicho de Napoleón a propósito de la estrategia: sus principios son muy simples, su aplicación es lo que cuenta»* [14].

---

11. Así, por ejemplo, alude a los métodos resolutivo y compositivo —tanto en latín como en italiano— en (I, 318), (IV, 520), (VII, 75), (XVII, 160), etc.

12. En la ya citada *Risposta* de Castelli/Galileo (véase la nota 4) se encuentra un significativo pasaje (IV, 521) donde se critica la doctrina del *regressus* y, en particular, el uso que de este método hace Delle Colombe.

13. Stillman Drake, «Galileo and the Career of Philosophy» (en *Journal of the History of Ideas,* volumen XXXVIII [1977], págs. 19-32) pág. 21.

14. Alexandre Koyré, «Les origines de la science moderne» (en *Diogène,* núm. 16 [1956]; se cita por su edición castellana en A. Koyré, *Estudios de historia del pensamiento científico,* Madrid, Siglo XXI, 1977, págs. 51-75), pág. 65.

3. RACIONALISMO Y EPISTEME

Como hemos visto, si Galileo se remite a un modelo metodológico y a una concepción de la ciencia de estirpe aristotélica, no es en los peripatéticos paduanos donde hemos de buscar su precedente. Muy por el contrario, éstos serían ante sus ojos un perfecto exponente de la degradación a la que se habían visto sometidas históricamente las doctrinas del Estagirita (sus constantes polémicas con sus colegas aristotélicos constituyen buena prueba de ello). Así pues, si la filosofía de la ciencia de Galileo exhibe una notable influencia aristotélica, habremos de rastrear ésta en las obras del propio pensador griego; en concreto, en el modelo de explicación propuesto en los *Analíticos Posteriores,* tal y como los historiadores parecen señalar cada día con más insistencia. Combinándolo con los procedimientos deductivos empleados por los matemáticos de la antigüedad, el modelo explicativo de los *Analíticos* es para Galileo el método que mejor puede permitir la consecución de una ciencia verdadera y necesaria. Este, y no otro, es su objetivo.

A lo largo de toda su obra, Galileo repite constantemente que la auténtica ciencia de la naturaleza ha de ser una ciencia necesaria. El reto consiste precisamente en probar con *«dimostrazioni vere e necessarie»* —como diría al comienzo de *Le Mecaniche* (II, 115)— y no sólo en persuadir con argumentos probables. El supuesto básico que subyace a tal convicción está por encima de toda suerte de planteamientos metodológicos y deriva de la propia constitución de la naturaleza:

> «Y puesto que doy por supuesto que la materia es inalterable, es decir, siempre la misma, no me cabe duda de que a partir de ella —como de toda propiedad eterna y necesaria— podrán obtenerse demostraciones abstractas e incluso matemáticas» (VIII, 51).

Galileo reitera en muchos otros lugares su firme creencia en la inmutabilidad de la naturaleza y en la imposibilidad de alterar su curso [15]. El curso de la naturaleza es sordo a nuestros designios y en modo alguno puede alterarse, por más que algunos parezcan creerlo y antepongan la autoridad de sus maestros a cualquier otro testimonio. La única autoridad es la autoridad de los hechos. Galileo defiende la existencia de una constitución única y real de la naturaleza a fin de que sea posible un conocimiento científico de la misma y no un mero juego de salvar apariencias. La oposición frontal a la concepción platónica de la «ciencia» de la naturaleza es tan clara como su adhesión al programa aristotélico: la ciencia de la naturaleza es, sin lugar a dudas, *episteme.*

---

15. Véase (V, 102), (V, 218), (V, 316), (V, 238), (XI, 192-93), etc.

En su comentario de juventud a los *Analíticos Posteriores,* que lleva por título *Disputationes de praecognitionibus et de demonstratione* [16], Galileo llega a afirmar explícitamente que sólo pueden conocerse aquellas cosas que son verdaderas, puesto que el objeto del verdadero conocimiento es el *ens reale* y no el mero *ens rationis* (II, 1, fols. 17 v-18 r). Dicho texto, particularmente importante para el estudio de la formación de sus concepciones metodológicas, revela —antes que ninguna otra cosa— una notable familiaridad con la tradición aristotélico-tomista, con la cual habría trabado contacto Galileo en Vallombrosa. Es significativo que Aristóteles, Averroes, Santo Tomás y otros tomistas acaparen las citas de sus primeros escritos. W. A. Wallace ha llegado incluso a ofrecernos una proporción de las mismas: por cada alusión a Platón, encontramos cuatro referencias a Santo Tomás o a algún tomista y ocho al propio Aristóteles [17]. Parece, pues, que la formación filosófica del joven Galileo era netamente aristotélica, hipótesis que se refuerza a la luz del descubrimiento de Crombie y Carugo de que la inspiración de sus primeros escritos procede de las enseñanzas de tres profesores jesuitas del Collegio Romano: el padre Clavius y los españoles Benito Pereira y Francisco de Toledo [18]. No obstante, y por evidente que nos pueda parecer este influjo, será preciso ver qué subsiste del mismo en la obra de madurez del pisano.

Ya en las *Disputatones de praecognitionibus et de demonstratione* se hacía eco Galileo del carácter problemático de la noción aristotélica de *apodeixis,* rasgo distintivo donde los haya de la auténtica *episteme* (conocimiento en el más fuerte sentido imaginable, conocimiento de verdades necesarias y eternas). Como quiera que la geometría aparecía

---

16. Esta obra (compuesta en realidad por dos tratados diferentes: el *De praecognitionibus* y el *Tractatio de demostratione),* cada vez más valorada por los historiadores, no fue incluida por Favaro en la Edizione Nazionale de las *Opere,* razón por la cual ha permanecido durante muchos años relegada al olvido. Crombie y Carugo desempolvaron recientemente el manuscrito de la Biblioteca Nazionale Centrale di Firenze donde se recoge este trabajo y difundieron por primera vez su contenido. Crombie probó asimismo que estos escritos no eran —como se venía creyendo— notas de clase y apuntes diversos, sino que se trataba de contribuciones originales del propio Galileo. Únicamente se han copiado del comentario de Clavius a la *Sphaera* de Sacrobosco —*In Sphaeram Ioannis de Sacro Bosco Commentarius* (Roma, 1570)— determinados pasajes en los que, dentro de la más pura ortodoxia aristotélica, se reclama una interpretación realista de las hipótesis astronómicas. Las referencias a dicho manuscrito siguen la información que de él nos da Crombie en su artículo «Sources of Galileo's Early Natural Philosophy» (en M. L. Righini Bonelli y W. R. Shea [eds.], *Reason, Experiment, and Mysticism in the Scientific Revolution;* Nueva York, Science History Publications, 1975, págs. 157-75).

17. William A. Wallace, «*Galileo and* Reasoning *ex suppositione:* The Methodology of the Two New Sciences» (en R. S. Cohen, C. A. Hooker, A. C. Michalos y J. W. Van Evra [eds.], *Proceedings of the 1974 Biennial Meeting of the Philosophy of Science Association;* Dordrecht, D. Reidel Publishing Company, 1976, págs. 79-104), pág. 86.

18. Crombie, *op. cit.,* págs. 162-164.

a los ojos de todos —incluidos los del propio Aristóteles— como el modelo más perfecto de esta clase de saber, era natural que se adoptase el método de esta ciencia como modelo de todo procedimiento científico. Toda ciencia deberá, por tanto, descansar sobre axiomas autoevidentes, a partir de los cuales pudiesen derivarse teoremas o conclusiones (transfiriéndose la verdad de los axiomas a la mismas conclusiones en virtud del riguroso vínculo deductivo). Pero mientras que la *apodeixis* no presenta ningún problema en la geometría, en la ciencia natural entraña dos funciones diferentes y no reconciliables a la postre en una sola:

a) Función de prueba: conocimiento del *cómo (oti);* se establece la verdad de un hecho sin que se llegue a precisar su causa.

b) Función de explicación; conocimiento del *por qué (dioti);* se da cuenta de una conclusión a partir de las premisas (y no basta meramente con probar su verdad); se explicita la causa de los fenómenos observados.

La noción aristotélica de *apodeixis* resulta, por consiguiente, ambigüa cuando se abordan cuestiones de filosofía natural [19]. Para Galileo, el conocimiento verdadero (el conocimiento propiamente científico) debería ser, en principio, un conocimiento causal. Es consciente, sin embargo, de que en el mundo natural las cosas no son tan fáciles como nos gustaría y que la búsqueda de causas lleva aparejados considerables problemas, habida cuenta de la amplísima variedad de modos en que la naturaleza produce sus efectos. Además, bien podría ocurrir en la operación causal estuviese más allá del poder de nuestra imaginación; así, en la Primera Jornada del *Dialogo* reconoce por boca de Sagredo:

> «Extrema temeridad me ha parecido siempre la de aquéllos que quieren hacer de la capacidad humana la medida de cuanto la naturaleza pueda y sepa producir, cuando por el contrario no hay un solo fenómeno en la naturaleza, por insignificante que sea, a cuya entera comprensión puedan llegar los ingenios más dotados» (VII, 126-127).

Para Aristóteles, explicar un efecto natural consistía en establecer su causa (esto es, en determinar los factores físicos de los que depende su existencia); Galileo, aunque prendado de este ideal, no puede dejar de considerar ilusorio y estéril tal proyecto. Consecuentemente, se opondrá al recurso a las causas para explicar los fenómenos naturales alegando que ello no hace sino introducir la confusión. Preguntar por la causa de un fenómeno es reducir la ciencia a una mera cuestión verbal, tal y como se desprende del conocido pasaje de la Segunda Jornada del

19. Esto no significa que el propio Aristóteles no diera una respuesta clara al problema, puesto que exigió que se diera la función explicativa —además de la función de prueba— para poder hablar de un conocimiento científico genuino.

Dialogo relativo a la gravedad (VII, 260-261). Por consiguiente, la explicación de los fenómenos naturales no se contemplará ya en términos de *causas,* sino de *consecuencias necesarias;* la justificación racional que entraña toda explicación consiste en poner de relieve una relación de implicación. En filosofía natural, explicar consiste en mostrar que una proposición es deductible de principios básicos ya aceptados (explicación matemática) y no en ligar un fenómeno a sus causas (explicación física). Esto es precisamente lo que sucede en el caso de la piedra arrojada desde lo alto del mástil de una nave en movimiento: se parte del *principio* de la conservación del movimiento uniforme y se deduce la caída a la misma base del mástil como simple *consecuencia* (resultado de la composición del movimiento de caída libre de la piedra y del movimiento inercial de la nave). Vemos, pues, cuáles son el sentido y el alcance precisos de la simbiosis de la concepción aristotélica de la ciencia y el método de los matemáticos griegos: como resultado de la misma, nos dice Clavelin, *«se ha abolido toda diferencia entre la inteligibilidad física y la inteligibilidad matemática»* [20]. O mejor: la inteligibilidad física se ha redefinido en términos de la inteligilidad matemática. Un bello fragmento de las notas inéditas de Galileo a propósito de su *Discorso intorno alle cose che stanno in su l'acque o che in quella si muovono* refleja a la perfección la convicción de Galileo en esta identidad (si bien desde una perspectiva más amplia que la que ahora nos ocupa):

> «Espero una terrible reprimienda de parte de alguno de mis adversarios y ya casi puedo oírle gritar en mis oídos que una cosa es tratar algo desde el punto de vista físico y otra muy distinta hacerlo matemáticamente, y que los geómetras deberían permanecer entre girándulas y no inmiscuírse en cuestiones filosóficas, cuyas verdades son distintas de las verdades matemáticas, como si la verdad pudiera ser más de una, como si la geometría de nuestra época fuera un obstáculo para la verdadera filosofía, como si nadie pudiera ser a la vez geómetra y filósofo y, por consiguiente, debamos colegir que quienes saben geometría no pueden saber física ni ocuparse de cuestiones físicas a la manera de los físicos» (IV, 49-50).

Casi todos los historiadorees han coincidido en señalar que este proceso cobra progresivamente más fuerza y alcanza su máxima expresión en los *Discorsi,* lugar en el que el ideal deductivo parece realizarse plenamente. El ideal de la argumentación geométrica planea sobre esta obra de forma incuestionable: el plan que Galileo se traza consiste en derivar conclusiones verdaderas a partir de principios necesarios y evidentes. Y si algo le crítica en algún momento a Aristóteles es precisa-

20. Clavelin, *op. cit.,* pág. 416.

mente el hecho que sus supuestas «demostraciones» se basen a veces en axiomas que no son del todo obvios ni autoevidentes.

Pero Galileo tropezará con este mismo problema en su intento de fundar la nueva ciencia del movimiento, en la cual no parece posible apelar a principios evidentes y bien conocidos. Muchas veces pretenderá, sin embargo, silenciar tal dificultad y presentará sus principios como algo que debe aceptarse de manera natural y espontánea. Así, afirmará descaradamente el carácter evidente del principio de la proporcionalidad de las velocidades de caída de graves con respecto al tiempo empleado (recuérdese el comienzo de su carta de 16 de octubre de 1604 a Paolo Sarpi, donde por primera vez relaciona velocidades y tiempos [X, 115]). Es bien sabido, no obstante, que Galileo creyó durante mucho tiempo que la velocidad de los graves en caída libre era proporcional al *espacio* recorrido y que precisó de buen número de experimentos para poder llegar a comprender que era, en realidad, proporcional al tiempo empleado. Maquinación propagandística o artificio retórico, la pretensión de que esta proporcionalidad fuese —como dice a Sarpi— natural y evidente carece de todo fundamento. De hecho, en otras ocasiones Galileo reconocerá que la evidencia de algunos de sus principios es harto problemática: en su carta de 1 de agosto de 1639, por ejemplo, confesará a Baliani que el principio según el cual los graves recorren en su caída espacios iguales en tiempos iguales está lejos de ser todo lo evidente que sería deseable. Como muy bien ha observado W.L. Wisan [21], tales principios han de entenderse como definiciones arbitrarias que habrán de confirmarse ulteriormente mediante la contrastación experimental de los teoremas que de ellos se deducen. Mas no estamos ante un método hipotético-deductivo: no se trata del procedimiento de elaboración de hipótesis, deducción de consecuencias y contrastación experimental de las mismas, puesto que los principios —lejos de ser hipotéticos— verdaderos y evidentes. En rigor, la experimentación no confirma los supuestos, sino que ayuda meramente a hacerlos evidentes (dado que, lamentablemente, los principios de la nueva ciencia no lo son de inmediato para el intelecto humano). De ahí el ambiguo papel de la experimentación en los *Discorsi:* resulta ciertamente necesaria (no es un mero ornamento didáctico), pero tampoco puede decirse que sea ella quien confiere a los principios su validez.

De lo que no cabe duda, sin embargo, es del carácter no apriorístico de los principios. Fue Alexandre Koyré quien apadrinó la tesis del innatismo de Galileo (en consonancia con su atribución a éste de una ontología y una gnoseología platónicas): los principios de la nueva ciencia

---

21. Winifred L. Wisan, «Galileo's Scientific Method: A Reexaminaton» (en R. E. Butts y J. C. Pitt [eds.], *New Perspectives on Galileo;* Dordrecht, D. Reidel Publishing Company, 1978, págs. 1-57), pág. 42.

serían innatos a la razón y sólo haría falta despertarlos. El historiador ruso-francés se centró en el estudio del principio de la relatividad del movimiento y mantuvo que Galileo lo asumió antes de proceder a la discusión de las pruebas físicas pertinentes [22]. En su apoyo recoge un texto de la Segunda Jornada del *Dialogo* donde el autor supuestamente acepta la relatividad del movimiento como un principio a *priori:*

> «Sea, pues, el comienzo de nuestra argumentación la idea de que cualquier movimiento que se le atribuya a la Tierra necesariamente ha de resultarnos a cuantos habitamos en ella y, por tanto, participamos del mismo completamente imperceptible y como inexistente, siempre y cuando nos refiramos únicamente a las cosas terrestres» (VII, 139-140).

Pero, para empezar, Koyré se deja cegar por el orden del discurso y trata de justificar su tesis del apriorismo sobre la base de un mero orden de presentación. Y no sólo eso, sino que traduce mal el pasaje en cuestión, vertiendo el vocablo itàliano *principio* por el francés *principe* cuando en realidad su sentido en el texto es el de *comienzo.* En este punto, pues, la argumentación del Koyré se revela falaz.

Maurice Clavelin [23] ha llegado a decir que la interpretación ofrecida en los *Etudes galiléennes* es tan sugestiva como alejada del modo como *realmente* procedía Galileo (resultando, en última instancia, inaceptable). Galileo es efectivamente un racionalista convencido, pero en modo alguno un apriorista o innatista. Los principios de la ciencia galileana no son a *priori* ni se llega a ellos por medio de una intuición intelectual, sino más bien *«construcciones racionales intimamente articuladas con la experiencia»* [24]. El caso de la primera nueva ciencia de los *Discorsi* da fe de cómo se establecen de acuerdo con la experiencia: toda la teoría de la resistencia de los materiales tiene por origen la observación de la discontinuidad entre la proporcionalidad geométrica (constitución física, tamaño...) y su resistencia a la fractura (los cuerpos más voluminosos pueden ser los más frágiles), constatación física insospechada a *priori* y que sólo la experiencia puede revelar. Algo no muy distinto sucede con los principios de relatividad y conservación del movimiento: aunque una vez que se llega a ellos no cabe ponerlos en duda, lo cierto es que no se trata de principios a *priori* sino que se han obtenido en contacto directo con la experiencia. Clavelin resume magní-

---

22. Alexandre Koyré, *Études galiléennes* (en *Actualités scientifiques et industrielles,* núms. 852, 853 y 854 [1939]; se cita por la reedición de Hermann, París, 1966), págs. 220-21.

23. Maurice Clavelin, «L'antiaristotelisme de Galilée: réalité ou légende?» (en J. C. Margolin [ed.] *Platon et Aristote à la Renaissance;* París, Librairie Philosophique J. Vrin, 1976, págs. 261-76), págs. 268-69.

24. Clavelin, *La philosophie naturelle de Galilée,* pág. 432.

ficamente su posición: «*Elaborados a partir de una experiencia que la razón viene no solamente a organizar, sino también a modificar, estos principios no se imponen por la fuerza a la realidad ni se inducen meramente a partir de la observación: son construcciones racionales, solidarias de una experiencia minuciosamente analizada, que el físico puede convertir a continuación en otras tantas guías para la compresión efectiva de los fenómenos naturales. Nada hay en la forma como Galileo introduce sus principios que haga sospechar la posibilidad de que haya visto de ellos unos conocimientos innatos.*» [25] El ferviente racionalismo de la ciencia galileana deriva de su fe en la racionalidad de lo real y la capacidad del hombre para conocerlo, mas no de una supuesta convicción en que la buena física se haga a *priori*.

¿Cómo, entonces, se obtienen los principios? El propio Galileo nos da la pista cuando declara en varias ocasiones argumentar *ex suppositione* [26], con la que se atribuiría a los principios una determinada función. Sin embargo, los problemas están lejos de acabar aquí puesto que no es fácil discenir de un modo preciso qué se entiende por argumentación *ex suppositione.* Wallace [27] ha puesto de relieve cómo *ex suppositione* es —pese a que pueda parecer lo contrario y a que el matiz se pierde en las traducciones a otras lenguas— distinto de *ex hypothesi.* De hecho, tal expresión deriva del girego *ex hupotheseos,* que durante la Edad Media se acostumbró a traducir como *ex conditione o ex positione,* pero en modo alguno como *ex hypothesi.* La diferencia entre ambos términos es la existente, por decirlo con un aire más moderno, entre la concepción de la hipótesis como postulado y la concepción de la hipótesis como conjetura. Sólo esta última *(ex hypothesi)* puede asimilarse al moderno método hipotético-deductivo, donde el conocimiento tiene sólo un carácter tentativo y provisional. La argumentación *ex suppositione* aspira, por el contrario, a fundar un conocimiento científico verdadero, una auténtica *scientia.* Hemos visto ya cómo Galileo tropezó con serios problemas a la hora de poner en práctica este programa en la investigación natural. William Shea nos ha dado la clave para eludir el callejón sin salida al que inevitablemente parece abocado el historiador que se enfrenta con la cuestión: la confusión de la situación no se debe exclusivamente a los historiadores, sino que reside en el propio pensamiento de Galileo.

Shea tiene razón al afirmar que «*en la mente de Galileo existía una tensión entre la certeza reclamada para las demostraciones geométricas y la conciencia de la naturaleza hipotética de sus propias especulacio-*

25. Clavelin, *La philosophie naturelle de Galilée,* pág. 432.
26. Véanse los pasajes pertinentes de sus cartas a Pierre Carcavy de 5 de junio de 1637 (XVII, 90-91) y a Giovani Battista Baliani de 7 de enero de 1639 (XVII, 12-13).
27. Wallace, *op. cit.,* pág. 81.

nes» [28]. La íntima fusión del ideal aristotélico con el componente arquimediano acabó, de hecho, precipitando históricamente el colapso de aquél. Renunciando al conocimiento de las causas, identificando la inteligibilidad física con al inteligibilidad matemática, matematizando la investigación natural, Galileo traicionó a la postre el ideal que le guiaba. El ideal explicativo aristotélico es el motor de la teoría galileana de la ciencia, mas no su punto de llegada. La clara conciencia de las dificultades qur presentaba la investigación del mundo físico hizo coquetear a Galileo con un modelo hipotético-deductivo (especialmente en astronomía —donde el objeto de estudio es aún más lejano e incontrolable—, aunque hay rastros de este romance a lo largo de toda su obra), pero nunca se resignó a abandonar el proyecto inicial de una ciencia necesaria. Esta honda tensión entre dos concepciones diferentes de la ciencia es precisamente lo que hace imposible ofrecer una imagen unitaria y coherente de la filosofía de la ciencia galileana. Podríamos decir con Ernan McMullin que toda la ciencia de Galileo es, en último término, hipotético-deductiva en su forma a pesar de que tratase de ser demostrativa, pero no se haría entera justicia a la voluntad del pisano si se le presentase como el decidido promotor de una nueva concepción de la ciencia que habría de reemplazar al viejo ideal demostrativo. Muy por el contrario, *«debemos reconocer cuán reluctante hubiera sido Galileo a aceptar este honor»* [29].

La profunda interacción de estas dos concepciones de la ciencia que subyacen a la obra científica de Galileo constituye la razón misma de su riqueza filosófica. Haciendo bueno el proverbio francés *«Il faut reculer pour mieux sauter»,* las raíces de la revolución metodológica galileana se hunden en la Grecia clásica. Traicionando algunas de estas influencias parra poder ser fiel a otras, el académico línceo Galileo Galilei terminó por crear un nuevo estilo de científico antes que una nueva teoría de la ciencia. ¿Debemos lamentarnos por el hecho de que la complejidad de su pensamiento impida caracterizarlo de una manera sistemática e improblemática? Pienso que no. No es la historia la que debe entrar dócilmente en los moldes diseñados por el historiador, sino éste quien debe atender antes que nada a lo que aquélla tenga que decir. Sólo sobre esta base podrá realizarse satisfactoriamente el ideal de la simbiosis entre la historia de la ciencia y al filosofía de la ciencia; de lo contrario, seguiremos moviéndonos en el terreno de las ilustraciones históricas de tesis filosóficas.

---

28. William R. Shea, *Galileo's Intellectual Revolution* (Londres-Basingstoke, The MacMillan Press, 1972), pág. 90.

29. Ernan McMullin, «The Conception of Science in Galileo's Work» (en Butts y Pitt, *op. cit.,* págs. 209-57), pág. 252.

PASCAL Y EL «EXPERIMENTO DE ITALIA» *

«Al fin y al cabo, en el curso de su vida le habían sucedido dos grandes cosas: había amado románticamente y debió de conservar con Pascal...»

EDITH WHARTON, *Kerfol* (1916)

1. *Preludio florentino*

El día 10 de octubre de 1641 llegaba Evangelista Torricelli a Il Gioiello, la villa que diez años antes alquilara Galileo a un tal Esaù Martellini para poder estar más cerca del convento de San Mateo de Arcetri, lugar donde profesaba su hija Virginia con el nombre de Sor Maria Celeste. Allí, a pocos kilómetros al este de Florencia, vivía recluido el maestro, ya casi ciego, con su infatigable discípulo Vincenzio Viviani. El joven Torricelli, que a la sazón contaba sólo treinta y tres años (había nacido el 15 de octubre de 1608 en algún lugar de los alrededores de Faenza), acudía por invitación de Galileo, que conocía bien su carrera como discípulo aventajado de su buen amigo Benedetto Castelli. Pero lo que inicialmente iba a ser una simple visita de cortesía habría de terminar alterando notablemente la trayectoria de Torricelli: la estancia en Arcetri se prolongó más de lo previsto, puesto que Galileo le pidió que se instalara en la villa y en ella se encontraba todavía en enero del año siguiente cuando sobrevino el fallecimiento de su anfitrión. Poco después, el Gran Duque Ferdinando II le ofrecía el puesto de matemático y filósofo en la Corte toscana, el mismo que dejaba vacante el autor de los *Discorsi;* Torricelli aceptó y acabó así instalándose definitivamente en Florencia.

La historia no es tan irrelevante como a primera vista pudiera parecer. Torricelli había abandonado Roma poco antes de que tuviera lu-

---

* Publicado originalmente como prólogo a mi edición de los *Tratados de pneumática* de Blaise Pascal (Madrid, Alianza Editorial, 1984).

Fig. 13. El experimento de Berti según Gaspar Schott, *Technica curiosa* (Würzburg. 1664).

gar en dicha ciudad una singular experiencia científica. Sus promotores fueron Rafaello Magiotti y Gasparo Berti, ambos seguidores y admiradores del gran Galileo, los cuales deseaban arrojar alguna luz sobre un sosprendente fenómeno descrito en la Primera Jornada de los *Discorsi*. En efecto, Sagredo refiere allí su estupor por el hecho de que las bombas aspirantes no fueran capaces de elevar el agua más de 18 brazas (unos nueve metros), cosa que al parecer sabían muy bien todos los poceros y a la cual se resignaban estoicamente. La explicación de Galileo apuntaba a la existencia de una *forza del vuoto* en el interior de la bomba: no es que la naturaleza experimentase horror al vacío, como querían los peripátéticos, pero no menos cierto es que éste se manifiesta con una determinada fuerza, que es exactamente la necesaria para que el agua se mantenga suspenbdida a 18 brazas. Berti, al parecer más hábil y más acaudalado que su amigo Magiotti, decidió reproducir el fenómeno en su propia casa con objeto de poder estudiarlo convenientemente en condiciones cuasi-ideales.

El resultado del experimento fue el previsto: los asistentes a la demostración pública —pues de eso se trataba— pudieron constatar cómo el agua se elevaba hasta una altura de 18 brazas, sin llegar a llenar la esfera de cristal ajustada sobre el largo tubo de plomo (Véanse las figuras 12 y 13). Todos se preguntaron, sin embargo, qué era lo que había en el interior de dicho globo, ya que estaba herméticamente cerrado y el aire no parecía poder haber penetrado en él. Berti sostuvo que se trataba de un espacio vacío, pero los jesuitas Nicolo Zucchi y Athanasius Kircher, como buenos peripatéticos, lo negaron rotundamente y sostuvieron la posibilidad de que hubiera entrado aire por entre el líquido y las paredes del tubo. A falta de un acuerdo. Kircher —que por aquel entonces andaba dedicado al estudio de los fénomenos magnéticos (su *Magnes sive de Arte magnetica* acababa de publicarse)— diseñó un experimento crucial que habría de permitir solventar la cuestión.

Aristóteles había negado el vacío como algo *lógicamente* imposible, ya que al ser la velocidad de todo cuerpo inversamente proporcional a la resistencia del medio, un movimiento en el vacío exigiría una velocidad infinita (esto es, debería tratarse de un movimiento instantáneo, cosa absurda puesto que supondría que un cuerpo estuviese en dos lugares a la vez); pero, además, se presuponía que en el vacío no podrían transmitirse ni la luz ni el sonido. Y como quiera que la luz ciertamente atravesaba la campana de cristal, sólo restaba comprobar qué ocurría en el caso de sonido. Kircher hizo instalar una campanilla dentro de la esfera de cristal y, tras llenar de agua todo el dispositivo y —boca abajo— dejar que saliera parte de la misma por un grifo colocado en la parte inferior, a fin de reproducir nuevamente el controvertido espacio vacío, accionó la campanilla con un imán. Todos los asistentes pudieron escuchar su sonido, luego en el interior de la esfera de cristal no podía haberse hecho el vacío. Emmanuel Maignan, un perpicaz fraile francés que enseñaba desde hacía varios años en el convento de Monte Pincio y que había sido el artíficie material del experimento de la campanilla, sugirió a Berti la posibilidad de que el cristal hubiera podido transmitir al aire exterior las vibraciones de la campanilla, pero no obstante la exhibición fue generalmente interpretada como una confirmación de las tesis plenistas, para mayor satisfaacción de los representantes de la escuela peripatética.

No cabe duda de que a Torricelli le hubiera gustado presenciar el experimento de Berti, pero no menos cierto es que de todas formas jugaba con ventaja. Durante los tres meses que pasara junto a Galileo habían tenido ocasión de conversar largo y tendido sobre los *Discorsi* y pronto debieron tropezar con el mencionado problema de las bombas aspirantes y, en consecuencia, con la espinosa cuestión de la existencia del vacío en la naturaleza. En el curso de tales charlas Torricelli tuvo conocimiento de la hipótesis que años atrás expusiera a Galileo un joven filósofo Salviati había presentado en el invierno de 1612-13 y con el que el maestro había mantenido desde entonces una intensa correspondiencia. Así, en una carta fechada el 26 de octubre de 1630 —como respuesta a otra en la que Galileo le había expuesto su teoría de la fuerza o resistencia del vacio— Baliani se muestra plenamente convencido de que la elevación limitada del agua en las bombas guarda relación con el peso del aire y, en particular, cree que la suspensión se produce por efecto del aire exterior. Galileo, como hemos visto, no dará su brazo a torcer y en los *Discorsi* seguirá defendiendo la hipótesis de la *forza del vuoto;* Torricelli, sin embargo, debió de tomar buena nota de la sugerencia de Baliani.

Estas mismas ideas habían sido propuestas bastantes años antes por Isaac Beeckman, cuyas notas de 1613 nos le muestran ya firmemente convencido del peso del aire e incluso de la existencia del vacío. Sabemos que defendió púbicamente sus puntos de vista con ocasión de la presentación de su tesis de doctorado en medicina en la Universidad de Caen el 6 de septiembre de 1618, pero no tenemos noticias de las eventuales reacciones que pudieran haberse suscitado. Poco después afirmará la elasticidad del aire y supondrá que éste pesa menos en los lugares altos e incluso que su densidad depende de las condiciones atmosféricas. Sin embargo, todas estas felices intuiciones quedarán relegadas al olvido al no haber salido jamás del diario privado de Beeckman y haber permanecido consiguientemente inéditas.

Berti, por su parte, murió en 1643 sin dejar escrito alguno sobre el tema. Su amigo Magiotti buscó entonces la colaboración de Torricelli y le propuso repetir el famoso experimento —que al parecer éste conocía ya a través del P. Niceron, un fraile amigo de Maignan—, pero utilizando esta vez agua de mar a fin de poder utilizar tubos más cortos

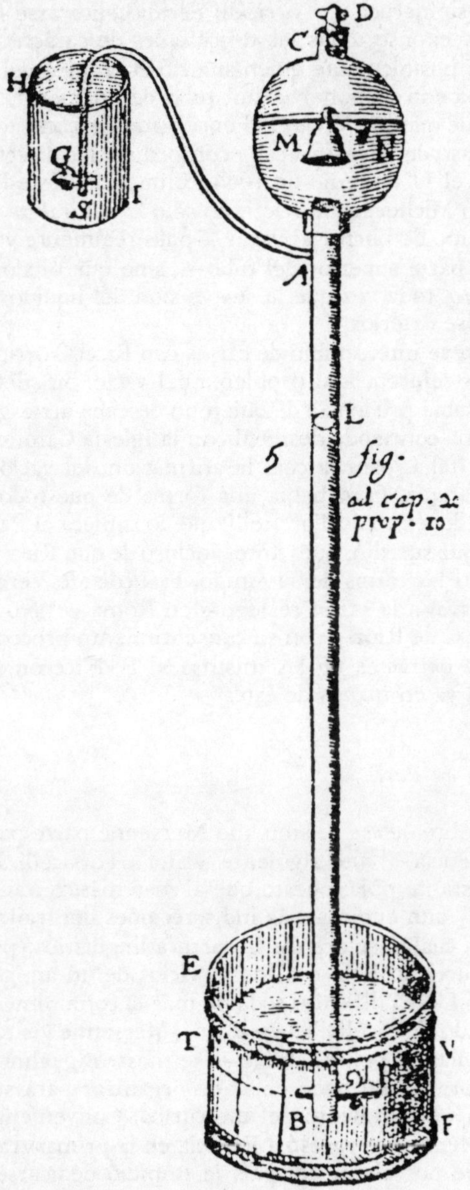

Fig. 14. El experimento de Berti según Emmanuel Maignan, *Cursus philosophicus* (Toulouse, 1653).

y simplificar su ejecución. Torricelli decidió encararse finalmente con el problema y expuso todas las dificultades de carácter práctico a Viviani, que fue posiblemente quien sugirió el empleo del mercurio (con lo que bastaba con disponer de un tubo de un metro). De lo que no cabe duda es de que fue Viviani el encargado de hacer todos los preparativos e incluso de llevarlo a cabo conforme a las directrices de Torricelli. Por fin, el 11 de junio de 1644, comunicaba éste los resultados a su gran amigo Michelangelo Ricci: no sólo la naturaleza no experimentaba ningún tipo de horror al vacío —pues realmente vacío quedaba el espacio de la parte superior del tubo—, sino que ni siquiera existía la *forza del vuoto,* toda vez que la suspensión del líquido era debida a la presión del aire exterior.

Tras un breve intercambio de cartas con Ricci, Torricelli nunca más volvió a hacer referencia al problema del vacío. Su silencio respondía sin duda a la sabia prudencia de quien no deseaba arriesgar su flamante posición en una contienda desigual con la Iglesia Católica, todavía omnipotente en Italia, para la cual la afirmación del vacío seguía siendo motivo de anatema. Pero había una forma de que todo el mundo tuviera noticias del éxito de Torricelli: que lo supiera el Padre Mersenne. Y esto fue lo que sucedió, pues antes incluso de que Ricci puediera mostrar a Magiotti las cartas de su amigo, François de Verdus —un discípulo de Roberval a la sazón residente en Roma— tuvo ocasión de conocerlas en casa de Ricci y con su consentimiento procedió a enviar inmediatamente extractos de las mismas al P. Niceron y a Mersenne. Todo quedaba ya en manos de éste.

2. *Escándalo en París*

En noviembre de ese mismo año Mersenne parte para Italia y a su paso por Florencia, al mes siguiente, visita a Torricelli. La acogida fue, al parecer, bastante tibia, puesto que al matemático italiano le resultaban molestas y aun enojosas las indiscreciones del fraile y su afán por saberlo todo a cualquier precio; la barrera lingüística (para entenderse debían de recurrir al latín o a los servicios de un amigo común, Giovanni Battista Doni) dificultó todavía más la comunicación o al menos en ella se escudó Torricelli. Ya en Roma, Mersenne visitó a Ricci, quien —puesto en guardia por su amigo— se mostró igualmente reservado, aunque por cortesía no pudo dejar de organizar para su invitado una repetición del «experimento del mercurio». Convenientemente informado, pues, Mersenne regresó a Francia en la primavera de 1645, pero un nuevo viaje por el sur del país le impidió dedicarse al estudio de cuanto había visto y oído en Italia. Sólo al término del verano de 1646, a su regreso definitivo a París, pudo divulgar el experimento entre sus amistades e incluso procedió a reproducirlo sin que el éxito le acompañara.

El gran problema residía en la dificultad de conseguir buenos tubos de cristal. Mersenne pensó entonces en los vidrieros de Rouen, sin duda los de mayor reputación de toda Francia, y habló del asunto a Pierre Petit, ingeniero y consejero real que había de pasar por dicha ciudad camino de Dieppe. En ella vivía desde seis años antes Etienne Pascal, comisario de impuestos del Canciller Séguier, y en su casa paró Petit durante su viaje. Con él y con su hijo Blaise —que pese a contar sólo veintitrés años se había dado a conocer con la invención de la máquina de aritmética— conversó Petit acerca de lo que ya se denominaba el «experimento de Italia», decidiendo realizarlo a su vuelta, no sin antes haber encargado los tubos en la famosa cristalería del arrabal de Saint-Sever. Por fin, durante los últimos días de octubre o primeros de noviembre, Petit logró llevar a cabo el experimento del mercurio en el mismo patio del taller de los vidrieros, comprobando la exactitud de cuantas noticias habían llegado de Italia. A decir verdad, lo único que había interesado a Petit era la demostración de la posibilidad del vacío y así, en su *Observation touchant le vuide faite pour la première fois en France* (París, 1647) —que no era sino la carta que enviara el 19 de noviembre a Pierre Chanut, embajador francés en Suecia y uno de los que había intentado repetir el experimento con Mersenne— no se encuentra alusión alguna al problema del peso del aire: para ser más exactos, dicho opúsculo atiende exclusivamente a la descripción del experimento y evita rotundamente formular opiniones o teorías.

Aunque en los *Nuevos experimentos sobre el vacío* Pascal tratará de aparecer como uno de los artífices de tal éxito, lo cierto es que en su informe Petit habla del «hijo del señor Pascal» como un simple testigo. Parece fuera de toda duda que la primera vez que éste oyó hablar de Torricelli y del problema del vacío fue por boca de Petit y que su interés por la cuestión arranca de la visita del ingeniero a Rouen; sin embargo, muy pronto habría de ser él quien diera que hablar. En efecto, a comienzos de año el joven Pascal diseñó un experimento crucial —realizado según parece en el puerto y caracterizado por un fuerte componente histriónico— para refutar la tesis de aquéllos que suponían que el espacio aparentemente vacío estaba en realidad lleno de unos vapores emanados del mercurio. Hizo llenar un tubo con agua y otro exactamente igual con vino tinto, preguntando a continuación a los asistentes cuál de los dos líquidos habría de alcanzar una mayor altura. Todos respondieron que el agua, puesto que al ser el vino más volátil deberían emanar de él más vapores y en consecuencia alcanzar una altura menor. Sucedió exactamente lo contrario: el vino se elevó ocho pulgadas por encima del agua. Desde ese momento el nombre de Pascal sonaría cada vez con más fuerza en un París en el que a esas alturas se contaban con los dedos los hombres de ciencia que no habían oído hablar del «experimento de Italia».

Por si fuera poco, a finales de julio estallaría el escándalo: el P. Mersenne recibió una carta de Pierre Desnoyers, agregado francés en la Corte polaca, en la que éste le informaba de una exhibición celebrada en presencia del monarca Wenceslas VII, la Reina y todo su séquito por el P. Valeriano Magni —un capuchino milanés afincado desde hacía más de veinte años en Varsovia— y que consistió en la repetición de «experimento del mercurio». Magni dio cuenta del mismo inmediatamente —su relación, la *Demonstratio ocularis* (Varsovia, 1647), se publicó ese mismo verano—, pero sin mencionar siquiera a Torricelli. Roberval tuvo en seguida conocimiento de los hechos e, indignado, redactó una dura denuncia de quien él bautizara como «el ladrón de Polonia». En su respuesta Magni no negó la prioridad de Torricelli, pero sostuvo su independencia en el descubrimiento, asegurando no haber oído hablar ni de él ni de Ricci durante su estancia en Italia en 1642-43; ni siquiera, decía, había escuchado la palabra «vacío» durante el tiempo que pasó en Florencia. Aunque nadie le creyó (Pascal tendrá incluso el descaro, en su carta de De Ribeyre de 16 de julio de 1651, de pretender que fuera a él a quien plagiara Magni), lo cierto es que el pobre fraile llevaba bastantes años investigando sobre la cuestión, probablemente desde que leyó los *Discorsi,* y que no era un vulgar oportunista. Pero lo que Magni no confesó es que en una segunda visita a Roma, entre enero y septiembre de 1645, se había entrevistado con el P. Mersenne: interesados como estaban ambos por el problema del vacío resulta difícil creer que no hablaran del experimento de Torricelli. En cualquier caso, puesto que no se trata aquí de juzgar si hubo o no hubo plagio, éste fue el ambiente que rodeó la publicación de los *Nuevos experimentos sobre el vacío.*

Pascal, que al finalizar el verano se había trasladado a París con su hermana Jacqueline, no estaba en absoluto dispuesto a renunciar a su prioridad en la repetición del «experimento de Italia» ya que —como él mismo diría— no era poco el tiempo ni el dinero invertidos. De este modo preparó rápidamente un opúsculo que titularía *Nuevos experimentos sobre el vacío,* que en el mes de octubre estuvo ya a disposición de los lectores. Lo que le interesaba era, sobre todo, poner de relieve su intensa labor de exploración de las consecuencias del experimento de Torricelli, cuyos efectos había tratado de estudiar en otras muchas situaciones experimentales y con distintos líquidos: mientras que sus contemporáneos se limitaban en el mejor de los casos a repetirlo, él quiere demostrar que es ya capaz de multiplicar los experimentos a placer. Sorprende que en su opúsculo no se recojan buena parte de los realizados en Rouen —acaso por ser ya suficientemente conocidos a través de los informes de Petit, Guiffart y Roberval—, ofreciéndose en su lugar otros no menos ingeniosos, pero que en algunos casos pueden ser puramente imaginarios (como aquél del *Tratado del equilibrio de los líquidos* que requería que un hombre permaneciese sentado debajo del agua por tiempo indefinido y que haría que Boyle se mostrase un tanto irritado en el prefacio de sus *Hydrostatical Paradoxes* [Oxford, 1664]). Por lo demás, una lectura atenta de los *Nuevos experimentos* revela a las claras que, pese a estar convencido de la existencia del vacío. Pascal no estaba aún en disposición de ofrecer una adecuada síntesis teórica.

Como ya ocurriera en la *Observation* de Petit, tampoco en los *Nuevos experimentos* pascalianos desempeña ningún papel el peso del aire: el único objetivo del tratado es demostrar la posibilidad de la existencia del vacío, toda vez que en las *Proposiciones* —redactadas como respuesta por adelantado a las posibles objeciones— ha negado que lo llene cualquiera de las materias conocidas en la naturaleza. La prueba de que, pese a su originalidad, los *Nuevos experimentos sobre el vacío* supieron a poco a buena parte de los científicos de la época la encontramos en lo que el 6 de abril de 1648 escribiera Constantijn Huygens (el padre de Christiaan) a Mersenne: *«No dejéis de animar al joven Pacal para que nos muestre el cuerpo de aquello cuyo esqueleto nos ha dejado entrever».*

3. *Controversias e imposturas*

Hubo, sin embargo, a quienes les bastaba y les sobraba con lo que Pascal había escrito. Peripatéticos y cartesianos se aunaron en una defensa a ultranza de las tesis plenistas, amenazadas sin duda por los trabajos de aquél. Fue el P. Estienne Noël, rector del Collège de Clermont parisiense, a quien le correspondió dar la cara en esta ocasión o, al menos, a quien la historia la jugó la mala pasada de procurarle una poco gratificante inmortalidad. A los pocos días de aparacer los *Nuevos experimentos sobre el vacío* recibió Pascal una carta del jesuita en la cual, confome a las tesis peripatéticas, mantenía la corporeidad del «espacio aparentemente vacío», puesto que en él se transmitía la luz y cualquier movimiento requería un determinado tiempo. Este cuerpo era, en su opinión, el aire sutil de la atmósfera que penetraba a través de los poros del cristal para ocupar el espacio que dejaba vacante el líquido al descender.

A la base de la argumentación del P. Noël se encuentra la teoría cartesiana de la materia, íntimamente ligada al problema del vacío desde el momento en que el *horror vacui* había venido esgrimiéndose durante largo tiempo como principio de cohesión. Descartes, que fuera antaño discípulo del P. Noël y con el cual mantenía una probada amistad, había identificado la materia con la extensión, de manera que todo espacio requería una sustancia que lo llenase: de acuerdo con esta concepción, el vacío —entendido como un espacio no lleno— era absolutamente imposible. Estamos, como ya sucediera en el caso de Aristóteles, ante una refutación racional y apriorística; no es, pues, de extrañar que la polémica entre Pascal y el P. Noël acabe siendo, en última instancia, un debate acerca del papel de la experiencia en física. El jesuita, convencido de que el «espacio aparentemente vacío» lo es sólo aparentemente, zanja la cuestión en las primeras líneas y se entrega en el resto de su carta a la exposición de su hipótesis. En *Le plein du vida* (París, 1647), obra en donde sintetizará los puntos de vista expuestos en su correspondencia con Pascal, hallamos un pasaje que define perfectamente su actitud: *«No sé qué distancia hay entre Saturno y las estrellas, luego no hay ninguna: esta consecuencia está mal sacada. Pero tampoco es mejor esta otra: no sé cuál es el cuerpo que ha penetrado en el espacio que ha dejado libre el mercurio y que permanece en él, luego no hay ninguno. No me cabe la menos duda, sobre la base de la experiencia y de la unión mutua de los cuerpos existentes en el mundo, de que hay un cuerpo dentro de este espacio aparentemente vacío (aunque no más que cuando hay aire en él). Es preciso averiguar cuál es y por dónde ha entrado».*

Pascal, que ciertamente no comparte la identificación de materia y extensión, encuentra en la carta del P. Noël una inmejorable ocasión para fustigar a su gran enemigo, ese *«Descartes inútil y falso»* al que se referirá en los *Pensamientos* (n.º 887). En efecto, el autor de los *Nuevos experimentos sobre el vacío* veía en el cartesianismo un nuevo ropaje para la física aristotélica, una ideología de recambio —apriorística y dogmática— que había que combatir en nombre de la verdad y de la práctica experimental que a ella conduce. El problema del vacío, siendo como era central para las filosofías peripatética y cartesiana, constituía un óptimo punto de apoyo para proceder a desmotarlas, así como a reivindicar una ciencia experimental y libre de prejuicios. (En este sentido hay que leer el *Prefacio al tratado del vacío,* que data aproximadamente de 1651, y que no es sino una especie de apéndice a la correspondencia con Noël).

Aunque Pascal se muestra sumamente cauto a lo largo de los *Nuevos experimentos,* manteniéndose siempre en el terreno de lo hipotético y evitando afirmar tajantemente la existencia del vacío, el P. Noël no dudó ni por un momento cuál era su auténtica convicción. A decir verdad, no le faltaba razón: por más que Pascal finja después en su carta a Le Pailleur no haber defendido el vacío absoluto —cantinela que repetirá Florin Périer en su edición de los *Tratados* póstumos de Pascal—, un simple vistazo a las conclusiones de su opúsculo bastará para convencernos de lo contrario. Ahora bien, no se trata de una mera cuestión de prudencia, sino que tras esas vacilaciones late una auténtica tensión en el plano metodológico.

En su respuesta al P. Noël Pascal definió con admirable lucidez las distintas clases de hipótesis científicas; resignado a no poder alcanzar en el estudio de la naturaleza una certeza absoluta como la procurada por las demostraciones matemáticas, debe mantenerse en el terreno de lo probable y escudarse tras una certeza negativa o conocimiento *de lo que no es*. Se muestra incluso consciente de la imposibilidad de diseñar auténticos experimentos cruciales y de que nunca podremos contar con la garantía de que no vaya a aparecer un fenómeno que contradiga la hipótesis hasta entonces aceptada; sin embargo, al describir el gran experimento de Puy-de-Dôme, Pascal parece seguro de hallarse en posesión de la verdad y hasta se diría que ha olvidado la moderación con que inaguraba su correspondencia con el P. Noël. (En realidad, en esa misma carta —y en su deseo de demoler a su oponente y a la filosofía por él representada— Pascal se traicionaba ya a sí mismo y se mostraba tan petulante como despiadado.) Sus verdaderos pensamientos están magníficamente expresados en el brillante colofón del *Tratado del peso de la masa del aire*, que a pesar de publicarse póstumamente había sido escrito en los primeros años de la década de los cincuenta: *«Que todos los discípulos de Aristóteles se armen de cuanto hay de valioso en las obras de su maestro y de sus comentaristas y expliquen, si es que pueden, todas estas cosas por medio del horror al vacío; si no,* que reconozcan que los experimentos son los verdaderos maestros a los que hay que seguir en física; *que el practicado en las montañas ha puesto fin a la creencia universal en el horror de la naturaleza al vacío, que no hace nada por evitarlo y que el peso de la masa del aire es la verdadera causa de todos los efectos que hasta ahora venían atribuyéndose a esta causa imaginaria»*. Toda una declaración de principios.

Sin embargo, no adelantemos acontecimientos. La polémica con el P. Noël hizo sentir a Pascal la necesidad de una prueba contundente que permitiera acallar definitavamente a los adversarios. Esta fue, como es bien sabido, el experimento del Puy-de-Dôme, tan célebre que no creo preciso volver a describirlo. Tan sólo subrayar que en la *Relación* del mismo establece por primera vez Pascal la correspondencia entre la altura alcanzada por el mercurio y el peso o presión del aire exterior, yendo así más allá de la mera refutación de la doctrina del *horror vacui*. Pero para Descartes había sonado la hora de la revancha y en una carta a Mersenne, primero (17 de diciembre de 1647), y otras dos a Carcavy, después (11 de junio y 17 de agosto de 1649), afirmó haber sido él quien propusiera a Pascal la realización del famoso experimento durante una visita a éste en septiembre de 1647. En efecto, los días 23 y 25 de dicho mes, Descartes acudió a verle para interesarse por su muy delicada salud. La presencia de Roberval, por quien Descartes no tenía demasiadas simpatías, hizo que el primer día la entrevista resultara algo forzada y convencional; pero al día siguiente, liberado ya de tan indeseada compañía, el autor del *Discurso del método* se sintió a sus anchas y —de acuerdo con su propio testimonio— propuso a su interlocutor la realización de un experimento decisivo en lo alto de una montaña con objeto de arrojar más luz sobre los problemas que a ambos les atormentaban. Naturalmente es imposible saber qué hay de cierto en todo este aunto, pero conociendo a Pascal —y sin que esto suponga regatearle merito alguno— no es de extrañar que hiciera suya la sugerencia de Descartes, al cual obviamente no tenía ningún interés en agradecer públicamente nada.

Porque, por lo demás la *Relación del gran experimento del equilibrio de los líquidos* aporta una nueva prueba de la megalomanía de Pascal y de su neurótica preocupación por presentarse como el primero en haber hecho casi todo. Así, hay buenos motivos para pensar que la carta de 15 de noviembre de 1647 a su cuñado Périer, pidiéndole que llevara a cabo el experimento sobre el Puy-de-Dôme, no es más que una impostura: lejos de haber sido escrita y enviada en la mencionada fecha, la carta sería una invención de Pascal —al menos en la forma en que la conocemos— con objeto de incluirla en la *Relación* —obra en la que se reproduce la carta—, impresa por un oscuro editor que nada tenía que ver con los canales habitualmente utilizados por Pascal, con una tirada extraordinariamente reducida y sin contar siquiera con el acostumbrado *Privilège,* lo cierto es que jamás se ha hallado el manuscrito de la supuesta carta. Por lo demás, resulta difícilmente plausible la súbita preocupación de Pascal por el problema de la presión del aire —tesis expuesta con la mayor naturalidad en esta carta— sólo un mes después de aparecer los *Nuevos experimentos,* en los cuales este interés brilla por su ausencia. No menos insólita sería, en el supuesto de que la carta fuese auténtica, su impaciencia por la realización del experimento: ¿podemos imaginar a Pascal tan ingenuo como para creer posible la ascensión al Puy-de-Dôme en pleno invierno (la carta está fechada en noviembre)? A este problema hace referencia en su carta a Le Pailleur, pero sin lograr otra cosa que aumentar nuestras sospechas, ya que de sus palabras ha de seguirse la improbable conclusión de que tuvo que escribir a su cuñado aun antes de aparecer los *Nuevos experimentos* (momento en que, por si fuera poco, todavía hacía buen tiempo). Con todas las reservas propias del caso, no parece demasiado aventurado pensar en una hábil maniobra de Pascal.

El motivo habría que buscarlo detrás de una observación aparentemente incidental en el primer párrafo de la carta, donde Pascal asegura haber llevado a cabo recientemente el célebre experimento del vacío en el vacío, que más tarde expondrá en su *Tratado del peso de la masa del aire.* Nadie duda que realmente lo practicara, pero desde luego no en 1647: tal pretensión parece bastante poco fundada. Según todos los indicios, el experimento del vacío en el vacío fue diseñado de forma prácticamente paralela —en el verano de 1648— por Roberval y por Auzout. De cómo lo llevó a la práctica el primero de ellos apenas tenemos noticias, mientras que, por el contrario, contamos con una detallada descripción del experimento realizado por Auzout a primeros de junio. Este introdujo un tubo CF dentro de otro mayor AB (véase la figura 16) y procedió a llenar de mercurio todo el conjunto a través del extremo F, mientras taponaba A con un dedo. Tras cerrar herméticamente F, Auzout sumergió el extremo A en un recipiente D también lleno de mercurio y retiró el dedo: el mercurio del tubo descendió hasta el nivel E —unas 27 pulgadas—, con excepción del alojado en C. Al perforar la vejiga G toda esa columna de mercurio cayó sobre D, en tanto que, por el contrario, el que había en CF se elevaba bruscamente hasta alcanzar una altura de 27 pulgadas (momento en que se equilibraba con el peso del aire que entraba por G y que ahora presionaba sobre el mercurio de C). El dispositivo ideado por Pascal será más sencilo, pero sin duda porque se trataba de una simplificación del utilizado por Auzout: es a éste (y acaso también a Roberval) a quien corresponde la prioridad en la realización del experimento del vacío en el vacío, por más que la carta a Pétier trate intencionadamente de dar otra impresión.

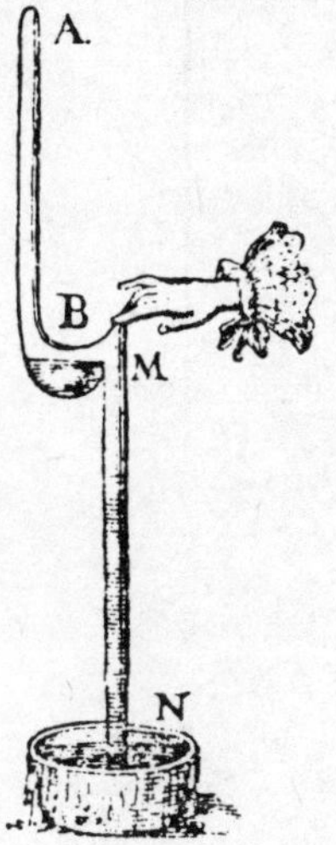

Fig. 15. El experimento del vacío en el vacío, según Pascal.

4. *El camino de Port-Royal*

Con el experimento del Puy-de-Dôme Pascal recibió su gran espaldarazo y comenzó a sentirse en disposición de escribir su prometido *Tratado del vacío*. Sin embargo, su satisfacción se vio nuevamente turbada cuando —en junio de 1651— un jesuita del Collège de Montferrand, cuyo nombre no se conoce, le acusó de plagio ante el primer Presidente de la *Cour des Aides* de Clermont, llamado De Ribeyre. La respuesta fue inmediata: Pascal, a quien Périer había puesto al tanto de los acontecimientos, envió una respuesta carta a De Ribeyre negando haberse querido atribuir lo que todo el mundo conocía ya como el «experimento de Torricelli». Además, mantenía que era Magni quien le había plagiado a él (y no a la inversa, como al parecer pretendía el anónimo jesuita) y aprovechaba la ocasión para destacar sus propios méritos y, muy en particular, para dejar claro que el gran experimento del Puy-de-Dôme era de su exclusiva invención. Disipadas las sombras que

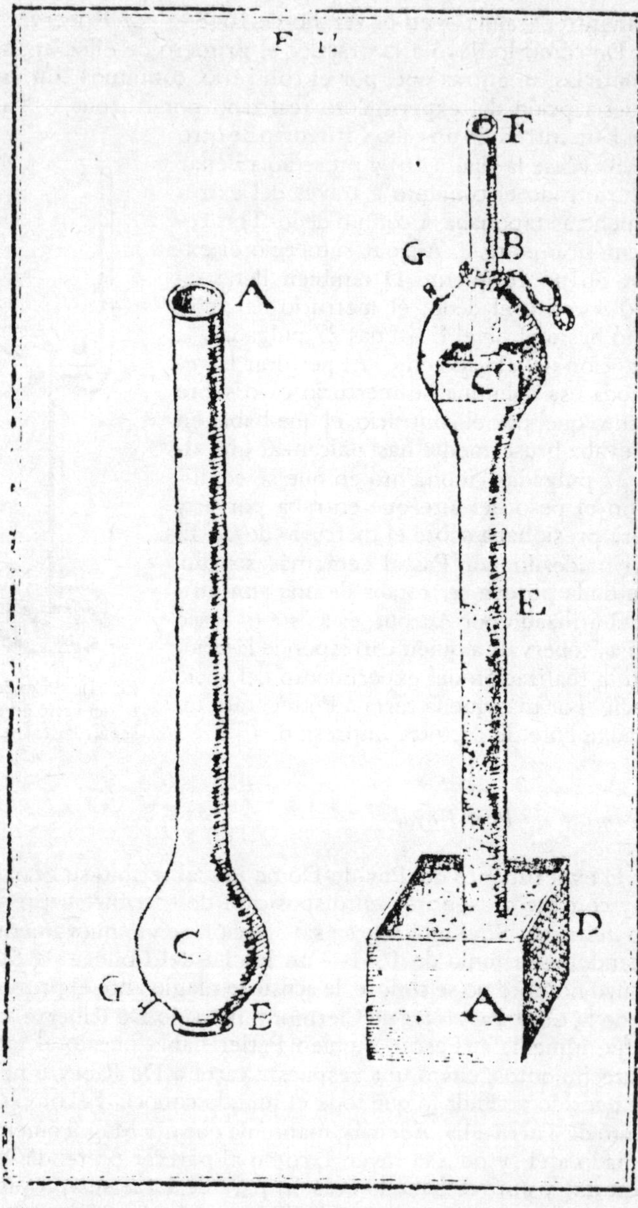

Fig. 16. El experimento de Auzout según Jean Pecquet, *Experimenta nova anatomica* (París, 1651).

la acusación había tratado de crear y superado el duro golpe de la muerte de su padre en septiembre de ese mismo año. Pascal pensó que era ya el momento de dar a conocer lo que debería de ser su obra cumbre.

Por razones no del todo claras —Périer dirá que debido al gusto del autor por la brevedad y la concisión— , el *Tratado del vacío* jamás se llegó a completar. De este modo el testamento científico de Pascal hay que buscarlo en dos pequeños tratados publicados póstumamente en edición conjunta: el *Tratado del equilibrio de los líquidos,* en cuyo análisis pormenorizado no es posible entrar aquí, y el *Tratado del peso de la masa del aire.* Este último constituye una auténtica recapitulación de los resultados de sus investigaciones y quizás por ese motivo los historiadores han cuestionado en ocasiones su originalidad. Es cierto que hay en él pocas ideas nuevas, pero no obstante representa un estadio diferente en la evolución del pensamiento pascaliano: por fin se llega a la síntesis que permite unificar todos los fenómenos estudiados y hacerlos depender de una sola causa y un solo principio común. En ese sentido, ni siquiera el *Tratado del equilibrio de los líquidos* puede considerarse independiente, puesto que para Pascal el aire es un líquido más y como tal debe de estar sometido a las mismas leyes que éstos. La presión atmosférica, ya invocada en la *Relación*, es ahora el gran principio explicativo que hace posible la unificación, así como la clave para reinterpretar aun los más viejos experimentos y comprender lo que subyacía tras el supuesto *horror vacui* que tanto habíia impresionado e intrigado a sus predecesores.

El resto de la historia ya es conocido. La noche del 23 de noviembre de 1654 tuvo lugar la famosa «conversión» de Pascal, que le habría de llevar en enero a retirarse a la abadía de Port-Royal (donde ya había ingresado su hermana Jacqueline). Durante los tres años siguientes todas las preocupaciones de Pascal convergerán en la Revelación y la Iglesia, a cuya corrupción histórica tratará de poner fin. Pese a un conato de reintegración en la sociedad y de vuelta a la actividad científica —allá por 1657, coincidiendo poco más o menos con la conclusión de la serie de las *Provinciales*— , a Pascal ya no le quedarán muchos años de vida para que sus nuevas expectativas puedan cristalizar convenientemente. En febrero de 1659 su salud empeora gravemente y seguirá haciéndolo día a día hata el 19 de agosto de 1662, fecha en que muere a la edad de 39 años. Tras sí dejaba las notas que habrían de conformar los *Pensamientos*, pero eso nos llevaría ya muy lejos de los objetivos de este trabajo.

BIBLIOGRAFIA

S. Akagi: «Pascal et le problème du vide» *(Studies in the Foreign Languages and Literature,* n.º 3 [1967], pp. 187-202, n.º 4 [1968], pp. 171-184 y n.º 5 [1969], pp. 111-149).

A. W. S. Baird: «La méthode de Pascal en physique» (en *Méthodes chez Pascal. Actes du Coloque tenu à Clermont Ferrand 10-13 juin 1976;* París, Presses Universitaires de France, 1979).

J. P. Fanton D'Andon: *L'horreur du vide. Expérience et Raison dans la Physique pascalienne* (París, Editions du C. N. R. S., 1978).

M. Gliozzi: *Origini e sviluppi dell'esperienza torricelliana* (Torino, Libreria Scientifica Giappichelli, 1931).

P. Guenancia: *Du vide à Dieu. Essai sur la physique de Pascal* (París, François Maspero, 1976).

P. Humbert: *L'oeuvre scientifique de Pascal* (París, Editions Albin Michel, 1947).

Kimiyo Koyanagi: «Pascal et l'expérience du vide dans le vide» *(Japonese Studies in the History of Science,* vol. 17 [1978], pp. 105-127).

A. Koyre: «Pascal savant» (en *Pascal, l'homme et l'oeuvre. Colloque de Royaumont;* París, Les Editions de Minuit, 1956).

W. E. K. Middleton: *The Hitory of the Barometer* (Baltimore, The Johns Hopkins University Press, 1964).

C. de Waard: *L'expérience barométrique: ses antécédents et ses explications* (Thouars, Imprimerie Nouvelle, 1936).

R. Zouckermann: «Air Weight and Atmospheric Pressure from Galileo to Torricelli» *(Fundamenta Scientiae,* vol. II, n.º 2 [1981], pp. 185-204).

LA ROYAL SOCIETY DE LONDRES Y EL PROGRAMA BACONIANO *

Como muy bien ha observado Larry Laudan [1], la mayor parte de los historiadores que se han ocupado del desarrollo del método científico han escrito como si, en Inglaterra, el siglo XVII pudiera entenderse simplemente como una serie de notas a pie de página y comentarios al *Novum Organum.* Y no sólo se dice que la filosofía de la ciencia que germina en suelo inglés durante dicho período es baconiana, sino que se considera asimismo que representa una enérgica reacción contra el modelo cartesiano hegemónico en el Continente. Pero las categorías *racionalismo* y *empirismo,* acaso válidas en el ámbito de la gnoseología, no lo son desde luego cuando se aborda el estudio de la historia del método científico [2]. Antes bien, tales compartimentos estancos, caprichosas invenciones de los historiadores ilustrados, minan con su anacronismo —cualquier intento de comprender la ciencia y la filosofía del siglo XVII, la relación entre la filosofía y la física (que, por aquel entonces, seguía siendo *philosophia naturalis* o, algo después, *philosophia experimentalis).* Mi propósito es precisamente poner en cuestión tan socorridos comodines y explicar, en la medida de lo posible, cómo Bacon fue el afortunado catalizador de un vigoroso movimiento que venía floreciendo en Inglaterra ya desde el siglo XVI, pero cuyas prescripciones metodológicas específicas rara vez fueron seguidas al pie de la

---

* Publicado originalmente en *Contextos,* vol. I, n.º 2 [1983], pp. 105-125.

1. «The Clock Metaphor and Probabilism: The Impact of Descartes on English Methodological Thought, 1650-1665» *(Annals of Science,* vol. XXII, n.º 2, 1966), pág. 73.
2. Véase Laurens Laudan, «Theories of Scientific Method from Plato to Mach: A Bibliographical Review» *(History of Science,* vol. VII, 1968), págs. 5-6.

letra, pese a que —por razones que más adelante se expondrán— hubiera un claro interés en hacer ver lo contrario.

El rasgo más característico de la ciencia isabelina es, sin duda alguna, su acusado divorcio de la educación universitaria. Fue obra de mercaderes y artesanos, no de doctores, y tuvo como foco el comercial Londres y no las instituciones académicas de Oxford y Cambridge [3]. Los principales científicos de la época (e incluso del reinado de Jacobo I) permanecieron siempre al margen de la Universidad, en la que jamás desempeñaron cargo alguno: ése es, sin ir más lejos, el caso de Digges, Harriot, Napier, Wright, Gilbert, Harvey y un largo etcétera, por no hablar ya del propio Bacon. Algunos de ellos ni siquiera se formaron en las aulas universitarias: así Thomas Digges estudió estudió con su padre, eminente matemático, y con el célebre John Dee, amigo de la familia. El científico isabelino tenía que subsistir de las más diversas formas: podía, como Harriot, contar con un protector, podía también —y ése sería el caso de Recorde— ejercer como médico, e incluso ganarse la vida fabricando y vendiendo instrumentos (Norman y Wright así lo hicieron). Había aún otra posibilidad: la casi siempre rentable dedicación a la política, camino que seguiría Thomas Digges. Sea como fuere, todo aquél que quisiera cultivar las ciencias de la Inglaterra isabelina se veía obligado a trabajar «por libre», fuera de los cauces universitarios y, por consiguiente, en una línea muy distinta de la que venía siguiéndose en los tradicionales centros del saber. Naturalmente las consecuencias no se hicieron esperar.

La colaboración entre científicos, por una parte, y artesanos, mercaderes y navegantes, por otra, redundó inmediatamente en un atentado contra el elitismo de las instituciones universitarias y de la propia enseñanza en ella impartida. La ciencia isabelina quería ser una ciencia popular, puesto que del contacto con el pueblo nacía. Por poner un solo ejemplo, el *De magnete* (1600), Gilbert jamás hubiera podido ser escrito de no haber mantenido su autor intensos contactos con buen número de hombres de mar [4]. A decir verdad, la obra fue casi una empresa colectiva, fruto de la colaboración de diversos científicos (Henry Briggs, Edward Wright, Thomas Blundeville, etc.) que se reunían periodicamente con Gilbert en Wingfield House. Pero, sin embargo, contemplado desde otro punto de vista, el caso del *De magnete* resulta un

---

3. Buena parte de la información recogida de las siguientes páginas procede de Christopher Hill, *Intellectual Origins of the English Revolution* (Oxford, Oxford University Press, 1965; ed. cast. *Los orígenes intelectuales de la Revolución inglesa* en Barcelona, Editorial Crítica, 1980) y Francis R. Johnson, «Gresham Collage: Precursor of the Royal Society» (En P. P. Wiener y A. Noland (eds.), *Roots of Scientific Thought: A Cultural Perspective;* Nueva York, Basic Books, 1957).

4. Un exhaustivo estudio de las fuentes del *De magnete* es el de Edgar Zilsel, «The Origins of Gilbert's Scientific Method» *(Journal of the History of Ideas,* vol. II, n.º1, 1941).

tanto atípico: no era frecuente, al menos en comparación con las proporciones alcanzadas en el Contiente, que las obras científicas se publicaran el latín. La proliferación de literatura científica en lengua vernácula —en inglés, en este caso— no tiene parangón en ningún otro lugar de Europa (excepción hecha, quizá de Portugal[5]). Los lectores potenciales de estas obras no eran los hombres de Universidad, todavía confinados en un saber libresco de raigambre medieval, sino —tal y como se ha venido apuntando— los comerciantes y los artesanos. Si examinamos algunas de las obras de este período tropezamos inmediatamente con toda clase de manifestaciones en defensa de la necesidad de poner el saber al alcance de todos, para lo cual era preciso emplear una lengua que resultase perfectamente comprensible: hacer del griego o, sobre todo, del latín el reducto último del conocimiento se interpretaba como una maniobra elitista y, a la postre, reaccionaria. La lucha contra la ignorancia era difícil mientras el saber permaneciera encerrado en los terrenos acotados por la comunidad académica. El progreso de la ciencia habría de pasar por la democratización del saber.

A veces, sin embargo, no bastaba con que las obras científicas estuviesen escritas en inglés. Era necesario también que fueran baratas, puesto que los carpinteros o los marinos no disponían de grandes recursos para dedicar a la promoción de su cultura general. Y, por otra parte, hacía falta que los libros científicos fuesen accesibles a personas no preparadas en tales materias, que les resultases inteligibles. Como quiera que esto no siempre era factible, surgió una nutrida corriente de autores (William Bourne, Edward Worsop, Thomas Hill, etc.:) que, no contentos con el grado de asequibilidad de los textos de los científicos de primera línea, se dedicaron a redactar explicaciones y comentarios de los mismos, caracterizados por un tono netamente divulgativo y popular. Esta efervescencia cultural encontraría su gran respaldo institucional con la creación del Gresham College.

Thomas Gresham era un acaudalado comerciante londinense que, pese a las presiones de la Universidad de Cambrigde para que prestase a ésta el apoyo económico que se sabía estaba dispuesto a conceder a la promoción del conocimiento y del saber, optó por fundar una institución cultural independiente: Gresham, con un buen criterio, prefería que su mecenazgo cultural estuviese en manos de comerciantes como él que no de clérigos. Sir Thomas murió en 1570, pero la creación del nuevo centro educativo se vio pospuesta durante bastantes años dado

5. Para una primera tentativa de aproximación al Renacimiento portugués pueden verse Joaquin Barradas de Carvalho, *O Renascimiento português (Em busca da sua especificidade)»* (Lisboa, Impensa Nacional-Casa da Moeda, 1980) y Maria Tereza de Fraga, *Humanismo e experimentalismo na cultura do século XVI* (Coimbra, Livraria Almedina, 1976).

que en su testamento estipulaba que su gran mansión de Bishopsgate Street (en plena City londinense) sólo podría utilizarse con tales fines tras el fallecimiento de su esposa, inquilina a la sazón de tan honorable casa. Como quiera que esto no acaeció hasta 1596, el proyecto experimentó un notable retraso. Fueron precisos todavía dos años más para llevarlo a la práctica y de este modo, en 1598, pudiron por fin instalarse en dicha mansión los siete primeros profesores del Gresham College (que impartían cursos de teología —a cuyo titular iba emparejado el decanato—, derecho, retórica, música, medicina, geometría y astronomía). Todos ellos debían residir en la casa, así como permanecer solteros, pues Gresham creía que sólo de esta forma su dedicación estaría garantizada. A cambio, su remuneración era espléndida (50 libras), sueldo éste ciertamente superior al asignado por Enrique VIII a los catedráticos de teología de Oxford y Cambrigde.

La gran provocación consitía en la obligatoriedad de impartir las clases en inglés (aun cuando el latín pudiera utilizarse ocasionalmente con los alumnos extranjeros). La cínica justificación de esta medida era pretender que de esta forma la actividad de Gresham College resultaba menos ofensiva y perjudicial para las universidades. Pero la realidad era muy distinta: sólo así podrían los carpinteros abarrotar las clases de geometría. En todas las materias se apreciaba una clara orientación hacia la práctica, rehuyendo los profesores los métodos librescos de Oxford o Cambrigde y esforzándose por marchar a la vanguardia de la enseñanza. Así, por ejemplo, los logaritmos se introdujeron de inmediato en el Gresham College, luego de un viaje relámpago de Henry Briggs —el catedrático de geometría— a Edimburgo para entrevistarse con su inventor, John Napier, apenas tuvo conocimiento de ello. Edward Wright tradujo en seguida la obra de éste al inglés y el propio Briggs añadió a la edición un prefacio y un breve tratado sobre el manejo de las tablas.

Naturalmente esta operación divulgadora tropezó con numerosos cortapisas: las implicaciones democráticas e igualitarias de dicha empresa suscitaron muy pronto la oposición de los sectores conservadores. Bien es verdad que no hubo nada parecido a una persecución declarada, mas tampoco hay por qué pensar que las presiones fueran menos intensas. La cátedra de teología era, como cabría esperar, la más asediada, pero —con todo— la sangre no llegó nunca al río. A partir de 1619 comenzó a operarse un trasvase de profesores del Gresham College a Oxford con lo cual los aires de renovación comenzaron a hacerse sentir tímidamente en esta Universidad, si bien ello supuso al mismo tiempo un control más directo de las nuevas corrientes por parte de los elementos conservadores que seguían siendo hegemómicos en las universidades. Sea como fuere, el Gresham College —hoy recordado por muchos como un mero precedente de la Royal Society londinen-

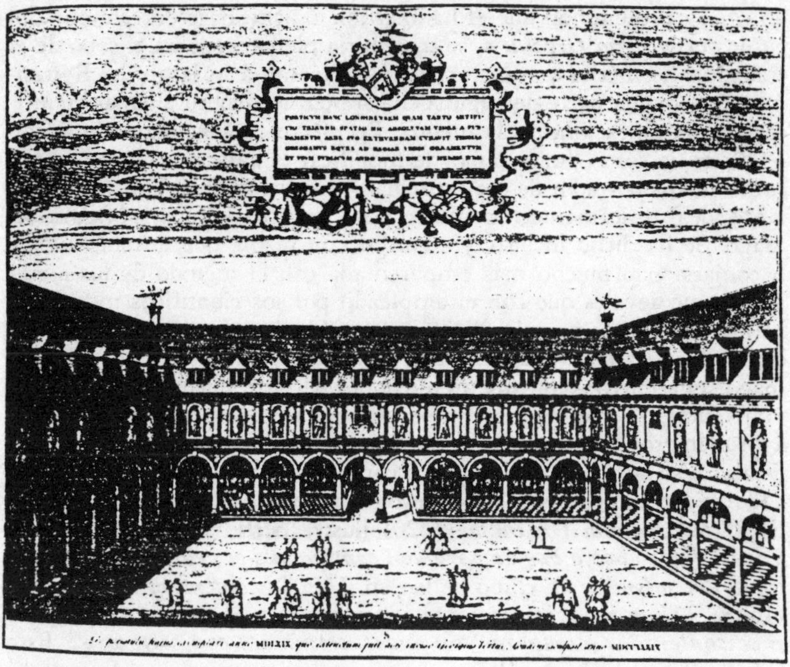

Fig. 17. El Gresham College londinense.

se— revistió una importancia capital dentro del proceso de transformación ideológica por el que estaba atravesando la sociedad inglesa. Una muestra, episódica pero ciertamente significativa, de que esto era así cabe encontrarla en la propuesta del radical Gerrard Winstanley en el sentido de sustituir el sermón dominical de las iglesias por lecciones de ciencias naturales según el patrón de las impartidas en el Gresham College.

Había, pues, una revolución —tanto intelectual como social— en marcha cuando Francis Bacon comenzara a escribir. Esto, que acaso hoy parezca tan obvio, ha sido el fruto de un largo proceso de investigación a contrapelo de las radiantes versiones ilustradas y victorianas de un Bacon-profeta cuyo ideario alcanzaría finalmente el éxito de la mano de la Royal Society. El punto de inflexión puede datarse en 1957, fecha de la aparición de la espléndida monografía de Paolo Rossi [6]. De acuer-

6. *Francesco Bacone: dalla magia alla scienza* (Bari, Editori Laterza, 1957). Frances A. Yates se hace eco de la significación de dicho estudio, desde una perspectiva más amplia que la que aquí se ha adoptado, en su ensayo «The Hermetic Tradition in Renaissance Science» (En Charles S. Singleton (ed.), *Art, Science and History in the Renaissance;* Baltimore-Londres, The Johns Hopkins University Press, 1968).

do con la presentaión que el historiador italiano hace en esta obra, el autor del *Novum Organum*, se inscribiría plenamente en el seno de la tradición hermética y rosacruciana tan vigente a lo largo del Renacimiento y buena parte del siglo XVII,, si bien incorpora algunas significativas modificaciones a la misma. En efecto, la idea clave de Bacon —la ciencia como poder capaz de modificar la naturaleza y el hombre como sujeto portador de esa capacidad— está estrechamente vinculada a ese ideal típicamente renacentista que encarna la fáustica figura del mago. Se ha dicho incluso, y creo que con razón, que la metodología baconiana está mucho más emparentada con el método de los alquimistas medievales que con el empleado por los científicos modernos. La novedad fundamental radica en el sentido de roforma moral que encierra el pensamiento de Bacon: el arrogante y pecaminoso orgullo del mago renacentista, con sus pretensiones de reproducir los poderes divinos, no es —a su modo de ver— sino un eco del orgullo que condujo a los primeros hombres a la Caída. El investigador de la naturaleza pierde ahora su aura «divina» y pasa a concebirse como un humilde observador y experimentador. El proverbio que recoge Bacon en el aforismo n.º 51 del *Novum Organum* (1620) ilustra perfectamente su actitud: *«Antes llega el cojo que va por buen camino que el veloz que deambula fuera del mismo»*. O, como se lee en *The Advancement of Learning* (1605): *«Si un hombre comienza con certezas, acabará con dudas; pero si se contenta con empezar con dudas, terminará con certezas»* [7]. Esta humildad responde, en último término, al reconocimiento de un preciado don divino: la posibilidad que se le concede al hombre de conocer y dominar la naturaleza por medio de la ciencia y la tecnología. Se trata, pues, de una empresa cuasi-religiosa en la que el triunfo significará la realización de los designios divinos. De ahí que Bacon subraye, frente a la actitud del mago, el carácter colectivo de la empresa científica y el requisito imprescindible de la comunicación de los resultados.

En este punto no podemos pasar por alto el trasfondo religioso del tan traído y llevado «utilitarismo» baconiano. Aunque es verdad que dedicar demasiado tiempo a los estudios era, para Bacon, un inequívoco indicio de pereza [8], no lo es menos que la búsqueda de resultados prácticos repondía a motivaciones más complejas que las de una mera inclinación utilitarista. Su actitud estaba profundamente arraigada en la doctrina luterana de la predestinación, de acuerdo con la cual los elegidos habrían de verse recompensados —además de con la vida eterna— con el éxito terreno: *«¿Por qué no podemos tener nuestro cielo aquí y luego también el cielo?»* se preguntaba el *enfant terrible* Gerrard Wins-

7. *Works* (ed. por J. Spedding, R. L. Ellis y D. P. Heath; Londres, Longmans, 1857 y ss.), vol. III, pág. 293.
8. *Works*, vol. IV, pág. 497.

tanley. La ética del trabajo y la productividad a la que se aferraba el hombre protestante era, en última instancia, un intento de reconocese entre los predestinados a través del éxito mundano. Vinculada asimismo a la tradición protestante (y obsérvese que no establezco nexo causal alguno) ha de contemplarse la tajante distinción entre ciencia y religión. Permítaseme traer a colación las palabras del propio Bacon: *«Es de lo más necesario evitar y reprimir esta locura, puesto que no sólo una filosofía fantástica, sino también una religión herética, resultan de la absurda mezcla de las cosas divinas y las humanas. Es, pues, de lo más acertado y sensato ceder a la fe cuantas cosas son materia de fe»* [9]. La especulación no tiene cabida en el ámbito propio de ésta; en todos los demás campos carece de sentido si no reviste alguna utilidad práctica. Para Bacon, la práctica —la experiencia— es, efectivamente, el único criterio de verdad. De ahí su célebre fórmula *«Veritas filia temporis»* [10]; de ahí también que, aun cuando la meta sean los frutos materiales de la investigación, parezca preferible esperar la siega —como escribe Bacon en el proemio de la *Instauratio Magna*— y no precipitarse, como los filósofos especulativos, a cortar el musgo o cosechar grano verde. A la postre la marcada diferenciación de los ámbitos del conocimiento natural y el conocimiento sobrenatural (establecida por la teología protestante) acaba redundando en favor del primero y contribuyendo a consolidad su independencia.

Sin duda alguna estas últimas consideraciones habrán evocado los trabajos de Max Weber sobre el calvinismo y el origen del capitalismo [11]. No fue él, sin embargo, el primero en advertir cierta vinculación entre el protestantismo y los orígenes de la ciencia moderna. Ya en 1873 el botánico francés Alphonse de Candolle subrayó el altísimo porcentaje de protestantes entre los miembros de la Académie des Sciencies de Paris y la Royal Society de Londres [12]. Fue el sociólogo americano Robert Merton quien, en la década de los treinta, elaboró y sistematizó estas sugerencias, conjugándolas asimismo con una tesis procedente de la historiografía marxista, a saber, el gran estímulo que para la Revolución Científica del siglo XVII supusieron las artes prácticas [13].

9. *Novum Organum,* aforismo n.º 65.

10. *Novum Organum,* aforismo n.º 84.

11. «Die Protestantische Ethik und der Geist der Kapitalismus» (*Archiv für Sozialwissenschaft und Sozialpolitk,* 1904-1905; ed. cast. *La ética protestante y el espíritu del capitalismo,* Barcelona, Ediciones Península, 1969).

12. *Histoire des Sciences et des Savants depuis Deux Siècles, suivi d'autres Etudes sur des Sujets Scientifiques* (Ginebra-Basilea-Lyon, 1873)

13. «Science, Technology and Society in Seventeenth-Century England» (*Osiris,* vol. IV, 1938; ed. cast. *Ciencia, tecnología y sociedad en la Inglaterra del siglo XVII,* Madrid, Alianza, 1984). Un interesante replanteamiento del problema es Gary A. Abraham, «Misunderstanding the Merton Thesis» (*Isis,* vol. 74, n.º 273, 1983).

De ello se ha hablado anteriormente y no creo necesario volver sobre los pasos andados. Me bastará por ahora con recordar cómo Bacon no es en modo alguno ajeno a estas circunstancias sociales e intelectuales, cómo él mismo no es más que un perfecto exponente del influjo de éstas, pero en absoluto un pionero solitario. Bien conocida es la militancia puritana de su madre, Anne Cooke, que nos permite detectar fácilmente su filiación luterana. Menos conocido es su parentesco con el propio Thomas Gresham (su madrasta era cuñada de éste), lo cual —si bien es cierto que resulta puramente anecdótico— deberia servir para que no olvidemos el estrecho contacto existente a la sazón entre los hombres de ideas y los que, en un sentido muy amplio, podríamos llamar hombres de acción (fueran éstos artesanos o comerciantes).

Cuando Bacon redactó y publicó sus principales obras, el Gresham College atravesaba aún su mejor etapa. Pero la vena empirista no era patrimonio exclusivo suyo (como institución), sino que coexistía con al menos otros tres focos de enseñanzas prácticas: el Real Colegio de Médicos, el Gremio de Cirujanos y la Sociedad de Boticarios. El Colegio de Médicos era una organización sumamente elitista, abierta exclusivamente a graduados universitarios, que se reservaba para sí el derecho de concesión de licencias en la ciudad de Londres y sus alrededores (concretamente, en siete millas a la redonda), así como a controlar el ejercicio de la profesión y a imponer sanciones cuando hubiera lugar. Era, pues, un monopolio mucho más preocupado por sofocar las nuevas ideas —paracelsianas, fundamentalmente—que por convertirse en un centro de enseñanza o investigación. Cirujanos y boticarios alzaron sus quejas en más de una ocasión, pero sólo obtuvieron pequeñas compensaciones como poder extender recetas. Sin embargo, a otro nivel, en el plano extrictamente intelectual, existía una libre circulación de ideas entre los miembros de las tres instituciones (fuera, claro está, del caso de —herejes— como John Geynes, que se atrevió a poner en duda la autoridad de Galeno, o de Thomas Sydenham. cuyas teorías sobre la naturaleza de la enfermedad resultaban inaceptables para sus colegas). La rivalidad era, por tanto, fundamentalmente económica; se trataba de una guerra de privilegios [14].

En el propio seno de estas instituciones, y como resultado del intercambio de ideas, surgieron diversos proyectos de asociaciones científicas interdisciplinares que,a diferencia del Gresham College, fueran

14. Sobre las relaciones entre estas instituciones puede verse R. S. Roberts, «The Royal College of Physicians of London in the Sixteenth and Seventeenth Centuries» *(History of Science,* vol. V, 1966). Muy interesante es también el artículo de Charles C. Gillispie «Physick and Philosophy: A Study of the Influence of the College of Physicians of London upon the Foundation of the Royal Society» *(The Journal of Modern History,* vol. XIX, n.º3, 1947).

Fig. 18. Lord Brouncker, Carlos II y Francis Bacon en el frontispicio de la *History of the Royal Society* (1667) de Thomas Sprat.

centros de investigación y no ya de enseñanza. Nació así el llamado 'Colegio Invisible', bautizado de esta manera por Robert Boyle en una carta a Samuel Hartlib (fechada el 8 de mayo de 1647). Se trataba de un grupo informal, compuesto inicialmente por diez personas, que comienza a reunirse en 1645 con una periodicidad un tanto variable en tabernas (la célebre Bull Head Tavern), casas particulares e incluso a veces en el Gresham College. Poco a poco el grupo fue cuajando y se comenzó a hablar de la conveniencia de constituirse en una sociedad científica en toda regla. Luego de un complicado proceso, que no cabe reproducir aquí, el día 15 de julio de 1662 se constituída oficialmente bajo el patrocinio (que no la financiación) del monarca Carlos II la Royal Society de Londres [15].

Entre sus primeros miembros se contaban el 'Colegio Invisible' casi en pleno, numerosos médicos afiliados o no a su órgano colegiado y diversos profesores del Gresham College. Pronto, sin embargo, sus integrantes fueron esencialmente *virtuosi,* término de origen incierto que se aplicaba a los aficionados al cultivo de las ciencias desde una perspectiva generalmente empirista e independiente de la tradición [16]. A decir verdad, pertenecer a la Royal Society fue una de las grandes modas de la sociedad inglesa de la Restauración; tanto es así que entre sus miembros llegaron a contarse personajes como Sir John Berkenhead —no sólo carente de todo interés por la ciencia, sino más bien opuesto a ella—, que se beneficiaron de una claúsula de acuerdo con la cual todo miembro de la nobleza con rango superior a barón era automáticamente admitido en la Royal Society. Más adelante se verán algunas de las implicaciones de este carácter abierto de la institución (orientado fundamentalmente a asegurar la financiación requerida), planteamiento que en determinados momentos llegó incluso a hacer peligrar su continuidad.

Muchos creyeron reconocer en la Royal Society la materialización del sueño baconiano descrito en la *New Atlantis* (1627). Joseph Glanvill presentará explícitamente la Casa de Salomón como su profética precursora y Thomas Sprat —en su *History of the Royal Society* [17]— no perderá ocasión de subrayar la enorme deuda contraída con Lord Verulam, que no por casualidad aparecía en la portada de la misma junto al monarca Carlos II. Es en esta obra donde hay que buscar las raíces

---

15. Sobre la constitución de la Royal Society puede verse el espléndido trabajo de Charles Webster, «The Origins of the Royal Society» *(History of Science,* vol. VI, 1967).

16. Veánse Clelia Pighetti, *Boyle* (Milán, Edizioni Accademia, 1968), págs. 75-76, y —desde un punto de vista más general— Dorothy Stimson, «Amateurs of Science in Seventeenth-Century England» *(Isis,* vol. XXXI, n.º 1, 1939).

17. *The History of the Royal Society of London, for the Improving of Natural Knowledge* (Londres, J. Martyn, 1667).

de lo que me atrevería a llamar mito del baconianismo de la Royal Society de Londres.

También a los ojos de sus contemporáneos la Casa de Salomón era una utopía. John Evelyn, prototipo de *virtuoso* y uno de los principales animadores de la Royal Society en su fase inicial, había escrito a Boyle en 1659 proponiéndole la creación de una sociedad científica entendida como una simple confluencia de amigos de las ciencias, puesto que *«no parece viable un colegio matemático y menos aún una Casa de Salomón»* [18]. Por lo demás las agrupaciones científicas a la sazón existentes distaban mucho de satisfacer los requisistos del modelo baconiano y no por ello su operatividad era menor. ¿Por qué entonces ese interés en entroncar la Royal Society con la utopía baconiana? Para responder a esta pregunta no hay mejor vía que analizar las circunstancias que rodearon la redacción y publicación de la obra de Sprat.

Thomas Sprat, más tarde obispo de Rocherter y deán de Westminster, no era en absoluto un científico y ni siquiera estaba al corriente de los desarrollos de la ciencia de la época. En realidad, no debía de haber sido él quién escribiera la *History of the Royal Society,* sino el infatigable Henry Oldenburg, secretario de la misma. Pero, como quiera que el objetivo primordial de la obra consistía en demostrar que la sociedad naciente era una empresa constructiva y patriótica de la que cabía esperar grandes beneficios materiales y espirituales, no pareció pertinenete enconmendar su redacción a un hombre que, como Olbdenburg, hubiese nacido en el Continente. Sprat, hombre de letras y protegido de John Wilkins (que fue siempre el cerebro gris de la operación), reunía todos los requisistos exigibles a un propagandista y de esta manera el proyecto fue a parar a sus manos. Quizás sería exagerado decir que escribió la obra al dictado, pero si es cierto que se trató de un encargo controlado hasta sus menores detalles. Su carácter apologético iba necesariamente en detrimento de la objetividad: difícilmente podemos considerar la *Historia of the Royal Society* como una exposición imparcial de los hechos que condujeron a la constitución de la misma. Interesaba, por ejemplo, silenciar los precedentes extranjeros y así Sprat sólo menciona a la Académie Montmort, la Accademia del Cimento, etc.). Por lo demás, la historia de la sociedad se retrotrae solamente a los reuniones en casa de John Wilkins, que —recordémoslo— era el protector de Sprat. Ciertamente, como testimonio histórico la obra resulta bastante poco digna de crédito [11].

18. Citado por Dorothy Stimson, *Scientists and Amateurs. A History of The Royal Society* (Nueva York, Henry Schumann, 1948), pág.20.

19. Sobre este punto es interesante el artículo de Hans Aarsleff, «Thomas Sprat» (En Charles C. Gillispie (ed.), *Dictionary of Scientific Biography;* Nueva York, Charles Scribner's Sons, 1970-1980, vol. XII).

Sprat prodiga por doquier los elogios al monarca [20] —con la esperanza, quizás, de que financiara la institución— e insiste en que el credo empirista asumido por la Royal Society no atenta ni contra la religión cristiana [21], ni contra la idea de Dios [22], ni contra los Evangelios [23], ni contra los milagros [24], ni —por supuesto— contra la Iglesia de Inglaterra (antes bien, esboza un paralelismo entre la Royal Society y la Iglesia Reformada) [25], así como tampoco representa peligro alguno para las universidades y las instituciones académicos en general [26] (de ahí que ocultara su parentesco con el Gresham College). Es en este contexto en el que hay que entender el 'culto' a Bacon. Sir Francis, desde su privilegiada posición de ministro de Justicia, ofrecía una inmejorable imagen como precursor de la Royal Society, asegurándose de este modo que 'todo quedaba en casa'. Es muy probable que el checo Comenius, que visitó Inglaterra en 1641 con la intención de lograr el apoyo real para materializar su ambicioso proyecto de reforma educativa, ejerciera una influencia no menor de la Bacon entre los fundadores de la sociedad. Desde ese mismo año circulaba ya de mano en mano —entre ellas las de Wilkins—su *Via lucis* (sólo publicada en 1668), obra en la que exponía su modelo de 'Colegio Universal', organización regida por un único sistema educativo y de claras connotaciones empiristas. Algunos de los más activos promotores de la Royal Society, como Samuel Hartlib o Theodore Haak, habían tratado directamente con el reformador checo y se contaban entre sus más activos seguidores. Los comeniamos ingleses tuvieron probablemente tanta importancia como Bacon a la hora de inspirar la creación de la Royal Society, pero reconocerlo hubiera supuesto echar por tierra el fuerte componente nacionalista con que venía arropado el proyecto [27].

Por lo demás, si vamos a mirar, muy poco queda en la Royal Society de las utopías imaginadas por Bacon, Comenius, Winstanley o cualquier otro soñador. A diferencia de la Casa de Salomón —que tenía un carácter estatal—, la Royal Society era una sociedad privada que debía, muy a su pesar, autofinanciarse; en otro orden de cosas, nada había más opuesto que ella al internacionalismo deseado por Bacon y, sobre todo, por Comenius. Quizás el elemento baconiano que mejor pervive en la Royal Society es su concepción utilitarista de la investigación cien-

---

20. Véase especialmente Parte III, Sección 34 (págs 403-413).
21. Parte III, Sección 14 (págs. 345-347).
22. Parte III, Sección 15 (págs. 348-349).
23. Parte III, Sección 17 (págs. 351-353).
24. Parte III, Sección 20 (págs. 358-362).
25. Parte III, Sección 23 (págs. 369-378).
26. Parte III, Secciones 2 y 3 (págs. 323-329).
27. Véase en este mismo volumen «La cuestión nacionalista y la fundación de la Royal Society: el grupo comeniano».

tífica (aunque, como hemos visto, no era patrimonio exclusivo de Lord Verulam). A estas alturas podemos formular ya la sospecha de que el baconianismo de la Royal Society fue sólo su fachada, su coraza protectora conscientemente diseñada como mecanismo de defensa frente a las críticas que desde la Universidad o el propio Colegio de Médicos arreciaban contra la misma Los miembros de la Royal Society sabían cuán exagerada era su elección de Bacon como único antecesor, pero tenían igualmente claro que sólo descartando cualquier influencia extranjera podría la sociedad hacer frente a las numerosas dificultades con que todavía entonces tropezaba.

Naturalmente nada de lo dicho desbordaría el ámbito de lo anecdótico si no se probara que la metodología de los científicos o *virtuosi* aglutinados en torno a la Royal Society tampoco siguió al pie de la letra las directrices baconianas. Sprat, al referise a Bacon en la primera de las tres partes de su historia, no sólo nos dice que *«su genio era penetrante e inimitable»* [28], sino que precisa aún más: *«sus Reglas eran admirables»* [29]. Frente a esta estimación, Christopher Hill ha sostenido con toda crudeza que el método científico baconiano no hizo más que elevar al rango de principio el método de ensayo y error empleado por los artesanos desde tiempo inmemorial [30]. Los científicos ingleses de la generación que le siguió enarbolaron sus obras como bandera e hicieron de su metodología una vaga declaración de principios sin que casi nadie se tomara la molestia de procurar conocer sus vericuetos. Bastaba la genérica combinación de empirismo y utilitarismo para que se creyeran portavoces de un nuevo método y pioneros de una nueva era: el papel de Bacon como estímulo para el cultivo de las ciencias y el rechazo de la tradición no puede negarse. Pero de ahí pensar que su inductivismo fue seguido por los científicos practicantes media un largo trecho: acaso únicamente Hooke, Power y Sydenham, entre los científicos de primera fila, tomaron realmente en serio el ideal metodológico baconiano. El método inductivo, aplicado a una exhaustiva compilación de *historias naturales* y contrario a cualquier clase de especulación (al menos en una primera fase), contribuía a crear el espejismo del carácter democrático de la nueva ciencia. En efecto, los *virtuosi* —cuya insuficiente preparación les incapacitaba para teorizar— si que podían, por el contrario, reunir ingentes cantidades de observaciones que otras mentes más dotadas habrían de modelar. El escaso interés de Bacon por el empleo de las matemáticas en la filosofía natural facilitaba igualmente el acceso a ésta por parte de los simples aficionados. El caso de

---

28. Parte I, Sección 16, pág. 36.
29. *Ibid.*
30. Hill. *op., cit.,* pág. 133.

John Locke es perfectamente ilustrativo: al parecer nunca fue capaz de comprender cabalmente la física matemática de su admirado Newton y hubo de consultar a Huygens acerca de la validez de las demostraciones geométricas contenidas en los *Principia.* En ese sentido Locke se nos aparece hoy como prototipo de *virtuoso* interesado por la ciencia hasta donde sus facultades se lo permitieron [31].

Si hay una idea que recorre las obras de los principales científicos ingleses de la época, ésta es la del carácter tentativo del conocimiento científico. Hooke, uno de los pocos baconianos integrales, se manifiesta así en el prefacio de su *Micrographia* (1667): *«Y si el lector espera de mí infalibles deducciones o la cèrteza de los axiomas, tengo que decir que esos vigorosos frutos del entendimiento y la imaginación están por encima de mis limitadas capacidades».* En el propio Hooke encontramos ya la idea de un «escepticismo hipotético» [32] muy alejado del optimismo baconiano y que tenía por objetivo evitar incurrir en errores y no tomar a la ligera como verdades lo que no son sino opiniones. Es muy interesante la polémica que librara ya hacia el final de su vida (concretamente en 1697) acerca de la naturaleza y el origen del ámbar, que a su modo de ver no era más que goma de los árboles petrificada. Naturalmente en este caso no podía contrastar directamente su hipótesis, con lo cual ésta quedaba a la altura de cualquier otra: por ejemplo, que la de su máximo oponente, Philippus Jacobus Hartmann, quien suponía que el ámbar se originó en el mar y posteriormente fue conducido a tierra firme a través de multitud de misteriosos canales subterráneos que atravesaban el globo terrestre. Hooke debió entonces apelar a los criterios de simplicidad y *no-adhocidad*, pero sabía perfectamente que continuaba inmerso en el ámbito de lo meramente probable [33]. Como tantas otras veces, la práctica científica daba la espalda a las bonitas recetas filosóficas y evidenciaba una complejidad que los metodólogos de salón jamás habían llegado a sospechar.

Joseph Glanvill era, como Locke, un *virtuoso* cuyo ingreso en la Royal Society obedeció más a sus esfuerzos propagandísticos en favor de la nueva filosofía que a un trabajo propiamente científico. Fue, sin em-

---

31. Véanse Margaret J. Osler, «John Locke and the Changing Ideal of Scientific Knowledge» (*Journal of the History of Ideas,* vol. XXXI, n.º 1, 1970), David A. Givner «Scientific Preconceptions in Locke's Philosophy of Language» (*Journal of the History of Ideas,*, vol. XXIII, N.º 3, 1962) y, sobre todo, Laurens Laudan, «The Nature and Sources of Locke's Views on Hypotheses» (*Journal of the History of Ideas,* vol. XXVIII, n.º 2, 1967).

32. *A General Scheme, or Idea of the Present State of Natural Philosophy...* (En *The Posthumous Works;* Londres, Smith & Walford Printers, 1705), pág. 11.

33. Sobre esta polémica y, en general, sobre la metodología de Hooke puede verse F. F. Centore, *Robert Hooke's Contribution to Mechanics. A Study in Seventeenth Century Natural Philosophy* (La Haya, Martinus Nijhoff, 1970).

bargo,uno de los grandes ideólogos de aquélla y bien merece la pena que nos detengamos brevemente en él [34]. Para Glanvill, todo nuestro conocimiento (excepción hecha del matemático y del teológico) proviene de los sentidos. Antes de la Caída de Adán éstos nos proporcionaban un conocimiento directo, pero tras ella —y por la interferencia de las pasiones— han terminado por ser engañosos: de ahí, pues, que todo nuestro conocimiento del mundo sea, en uno u otro grado, incierto. En consecuencia, es preciso combatir el dogmatismo desde un escepticismo hipotético y probabilista, que es, según Glanvill, el que anima los trabajos de la Royal Society, así como su paciente labor de observación y experimentación poco o nada proclive al pensamiento especulativo. Glanvill, como casi todos sus compatriotas, recoge la célebre metáfora del reloj que presenta Descartes en sus *Principia Philosophiae* (1644) [35] a propósito de la elección entre hipótesis alternativas. Señala el filósofo francés que ni siquiera cuando una hipótesis da cuenta de los efectos observados podemos concluir que sus causas sean éstas o tales otras: al igual que un hábil relojero puede construir dos relojes que marquen la misma hora y funcionen ambos a la perfección, pero conforme a una disposición absolutamente distinta de sus engranajes, así Dios puede producir los mismos efectos de infinidad de formas. La tarea del investigador de la naturaleza no diferiría en mucho de la de aquél que pretendiese adivinar cuál es el mecanismo de uno de aquellos relojes sin poderlo desmontar: nunca podría alcanzar una certeza absoluta, sino todo lo más aquélla que Hooke denominara «certeza negativa» [36] (a saber, lo que *no es* un determinado fenómeno o, por seguir con la metáfora, la seguridad de que ciertos mecanismos no podrían hacer funcionar el reloj del modo como lo hace).

Sigilosa e inadvertidamente, Descartes ha entrado en juego. Ello pone sobre el tapete un problema capital del que no puedo ocuparme ahora sino de forma harto somera: la tradicional imagen de un Descartes apriorista y la no menos arraigada idea del intenso conflicto entre el cartesianismo y la ciencia inglesa [37]. Las más recientes investigaciones han puesto de relieve el fuerte componente hipotético de la ciencia cartesiana y, consiguientemente, tienden cada vez más a difuminar la antaño tajante distinción entre «racionalistas» y «empiristas» (al me-

34. Una introducción de conjunto se encuentra en Richard H. Popkin, «Joseph Glanvill: Precursor of Hume» (*Journal of the History of Ideas,* vol. XIV, n.º 2, 1953).

35. *Oeuvres* (ed. por C. Adam & P. Tannery; París, Léopold Cerf. 1898-1913), vol. XI, pág. 322.

36. *Lectures and Discourses on Earthquakes...* (En *The Posthumous Works,* edición citada), pág. 331.

37. Contra esta interpretación véanse sobre todo Laurens Laudan, «The Clock Metaphor...» y G. A. J. Rogers, «Descartes and the Method of English Science» *(Annals of Science,* vol. XXIX, n.º 3, 1972).

nos en el ámbito de la historia del método científico). Así, un pensador continental como Mersenne suscribe un probabilismo de corte empirista muy próximo al de Glanvill [38]; Rohault [39] y Mariotte [40] combinan eclécticamente el ideal baconiano con los preceptos cartesianos; y Pascal [41] y Huygens [42] se cuentan entre los más sofisticados y conscientes hipotético-deductivistas del momento. Por su parte, los científicos y filósofos ingleses entendieron la obra de Descartes —correctamente, diríamos hoy [43]— como una invitación al empleo del método hipotético-deductivo. Así lo hace, por ejemplo, Walter Charleton en su *Physiologica* (1654), invocando los *Principia* cartesianos (mucho mejor conocidos en Inglaterra que cualquier otra obra de su autor) en apoyo de una concepción hipotética y probabilista de la ciencia. Y así lo hará también Robert Boyle, quien gusta de aludir con frecuencia a la metáfora del reloj, símbolo sin duda alguna de una forma de entender la investigación científica.

Durante mucho tiempo Boyle ha pasado por ser uno de los más fieles baconianos, estimación que sólo a raíz de los estudios realizados por Marie Boas a partir de los años cincuenta [44] ha entrado en crisis. Podríamos decir que el suyo es un baconianismo testimonial: si hace hincapié en el valor de la observación empírica y de la elaboración de *historias naturales* es porque la batalla por el método experimental continuaba librándose todavía y era preciso ser, a un tiempo, científico y propagandista. El influjo de Bacon en el plano metodológico es evidente, pero epidérmico. No resulta nada difícil hallar textos de Boyle en los que se proclama el necesario maridaje de la observación y la teoría: como científico practicante era muy consciente de que la mera recopi-

38. Véase A. C. Crombie «Marin Mersenne and the Seventeenth-Century Problem of Scientific Acceptability» (*Physis,* vol. XVII, n.º 3-4, 1975).

39. Véase Trevor McClaughlin, «Le concept de science chez Jacques Rohault» (*Revue d'Histoire des Sciences,* vol. XXX, n.º 3, 1977).

40. Michael S. Mahoney «Edme Mariotte» (En C. C. Gillispie, *Dictionary of Scientific Biography*), vol. IV, pág. 120. Puede verse asimismo el *Essai de Logique, contenant les principes des sciences, et la maniére de s'en servir pour faire des bons raisonnemens* (En *Oeuvres;* La Haya, Jean Neaulme, 1740), especialmente las págs. 610-625.

41. Veáse su famosa carta al Padre Nöel de 29 de octubre de 1647 (En *Oeuvres Complètes,* ed. por Louis Lafuma; París, Editions du Seuil, 1963, págs. 200-204).

42. Véase el prefacio a su *Traité de la lumiere* (Leyden, 1690).

43. Véanse los estudios de Alan Gewirtz, «Experience and the Non-Mathematical in the Cartesian Method» (*Journal of the History of Ideas,* vol. II, n.º 1, 1941), James Collins, *Descartes' Philosophy of Nature* (Oxford, Basil Blackwell, 1971) y Desmond M. Clarke, *Descartes' Philosophy of Science* (Manchester, Manchester University Press, 1982); ed. cast. *La filosofía de la ciencia de Descartes;* Madrid, Alianza, 1986).

44. «La méthode scientifique de Robert Boyle» (*Revue d'Histoire des Sciences,* vol. IX, n.º 2, 1956) *Robert Boyle and Seventeenth—Century Chemistry* (Cambridge, Cambridge University Press, 1958) y *Robert Boyle on Natural Philosophy* (Bloomington, Indiana University Press, 1965).

lación de hechos no lleva a parte alguna a menos que esté guidada hacia un determinado objetivo. Tal es la función de la razón. En los llamados *Boyle Papers,* manuscritos inéditos conservados actualmente en la biblioteca de la Royal Society, se declara explícitamente que la principal función de la experiencia es *sugerir hipótesis* [45]. Boyle, que sabía perfectamente que la suspensión del ejercicio de la razón era de todo punto imposible y que —por lo demás— el testimonio de los sentidos es muchas veces fiable y engañoso, escribe lo siguiente en *The Christian Virtuoso* (1690): *«Decir que la experiencia corrige a la razón es una forma algo impropia de hablar, puesto que es la propia razón la que, sobre la base de la información empírica, corrige los juicios que ella misma hiciera previamente»* [46]. Desde luego, Boyle está muy lejos de pensar que la tarea del científico consista en elaborar un catálogo lo más completo posible de los hechos naturales. El testimonio de los sentidos no es sino un eslabón en la cadena de construcción de teorías.

De hecho, toda la obra de Boyle está presidida por una gran teoría general que busca corroborar, a saber, la filosofía mecánica o corpuscular. Su programa de explicación de los fenómenos naturales en términos de materia y movimiento no está muy lejos de los planteamientos de la física cartesiana y, como en ésta, tales principios definen las condiciones de aceptabilidad de las hipótesis de menor grado de generalidad. En otro pasaje de sus manuscritos inétidos justifica así a tarea que ha trazado: *»Creo que si, por medio de buenos experimentos y razones cuando menos probables, lograra demostrar que todas las clases de cualidades particulares pueden originarse o producirse mecánicamente prestaría un servicio no pequeño a la hipótesis corpuscular e incluso a la propia filosofía»* [47]. A diferencia de Newton —que llegará al extremo de sustituir sistemáticamente en la segunda edición de los *Principia* el término *hipótesis* por otros menos problemáticos (leyes, axiomas, etc)—, Boyle no tiene reparos en calificar a sus propias conjeturas como *hipótesis.* Dicho término tiene ya un sentido digno plenamente científico y carente de toda connotación dogmática y especulativa. Tanto es así que Boyle proyectaba escribir una obra sobre los "requisitos de una buena hipótesis". De ella tan sólo conocemos un breve apunte conservado entre los *Boyle Papers,* escrito en el cual se especifican las principales características que ha de tener una hipótesis *excelente.* La más importantes son: que sea la más simple de cuantas disponemos, que no haya otra que explique mejor el fenómeno en cuestión y, sobre todo, que permita predecir nuevos fenómenos [48]. Al subrayar el valor de la

45. *Boyle Papers,* vol. IX, fol. 105
46. Citado por Robert S. Westfall, «Unpublished Boyle Papers relating to Scientific Method» (*Annals of Science,* vol. XII, n.º 1 y 2, 1956).
47. *Boyle Papers,* vol. IX, fol. 28.
48. Este opúsculo se recoge en Westfall, *op., cit.,* págs. 116-117.

capacidad de predicción de una hipótesis científica Boyle se alinea plenamente entre los paladines del método hipotético-deductivo que, de la mano del requisito de falsabilidad, constituye una de las grandes innovaciones de la Revolución Científica del siglo XVII.

Recapitulando, pues, podemos afirmar que los planteamientos metodológicos y epistemológicos de los hombres de ciencia (profesionales o aficionados) reunidos en torno a la Royal Society poco o nada tuvieron que ver —en un sentido estricto— con el inductivismo *naïve* del Canciller Bacon; antes bien, desembocaron en una conceptción tentativa y probabilista de la ciencia, en una concepción que hoy denominamos hipotético-deductiva, que —como hemos visto— alcanzó un notable grado de sofisticación. En este sentido, bien podríamos decir —con Koyré [49] y Butterfield [50]— que el éxito del programa baconiano fue mucho más "literario" que metodológico y que la importancia de Lord Verulam no reside tanto en su ciertamente rudimentaria teoría de la ciencia cuanto en su papel de profeta y apóstol de la nueva ciencia.

49. Alexandre Koyré, *Trois leçons sur Descartes* (El Cairo, Faculté des Lettres de l'Université Egyptienne-Imprimerie Nationale Boulac, 1938), págs. 16-17.

50. Herbert Butterfield, «The History of Historiography and the History of Science» [En I. B. Cohen & R. Taton (eds.), *Mélanges Alexandre Koyré II: L'aventure de l'esprit;* París, Hermann, 1964], pág. 61.

LA CUESTION NACIONALISTA Y LA FUNDACION DE LA ROYAL SOCIETY: EL GRUPO COMENIANO *

El siglo XVII estaba llamado a ser testigo no sólo de esa importante transformación intelectual que hemos bautizado como *Revolución Científica*, sino también de un proceso paralelo no menos significativo: la institucionalización del saber científico. Hasta esas fechas —y salvo contadas excepciones— , el estudio de la naturaleza había sido una empresa individual, una aventura personal que ni siquiera en las universidades encontró el gran eco que luego habría de tener. Muy por el contrario, éstas devinieron los últimos reductos del aristotelismo y acostumbraron a oponerse a todo conato de pensamiento libre y emancipador. De este modo, todavía en la primera mitad del siglo XVII la figura del mecenas o protector seguirá siendo un elemento imprescindible de la vida científica europea: los casos de Galileo —matemático y filósofo de la corte toscana— o Kepler —astrónomo de Rodolfo II—, lejos de constituir excepciones a una regla, son más bien paradigmas de este modelo de colaboración.

Fuera de algún caso aislado, la constitución de sociedades científicas fue un fenómeno típicamente setecentista. Dicho proceso de organización social de la ciencia —que habría de magnificarse hasta extremos insospechados en el siglo XVIII— se originó en Italia, donde ya en la década de 1560-1570 Giambattista della Porta habría fundado la Academia Secretorum Nature. En 1603 se creó en Roma la Accademia dei Lincei, de la que formaría parte el propio Galileo, y años más tarde

* Publicado originalmente en Susana Onega (ed.), *Estudios literarios ingleses: Renacimiento y Barroco* (Madrid, Ediciones Cátedra-Instituto de Estudios Ingleses, 1986), pp. 499-518.

—en 1657— fueron los discípulos de éste quienes dieron vida a la más importante de las sociedades científicas italianas: la Accademia del Cimento. En Francia, por su parte, se produjeron también algunas tentativas de organización de la actividad científica en torno a las figuras de Habert de Montmort y del Padre Mersenne, mas sólo por inspiración de Colbert —y tomando como modelo las instituciones inglesas— se pudo constituir en 1666 la Académie Royale des Sciences [1].

Sin embargo, en ningún otro lugar, como en Inglaterra, se hizo tan patente esta voluntad de asociación entre los filósofos naturales y los *virtuosi* [2]. La Royal Society de Londres —la más célebre de las instituciones científicas setecentistas— fue el último eslabón de una larga cadena de ímprobos esfuerzos por alumbrar un centro de investigación auténticamente interdisciplinar capaz de promover el desarrollo de esa nueva ciencia que con tanta fuerza acababa de irrumpir en escena. La historia de su constitución ha sido relatada en innumerables ocasiones [3], por lo que aquí no será preciso detenerse en ella. Bastará recordar que la Royal Society fue fruto de la restauración monárquica de 1660 y que entre sus miembros fundadores se contaron un buen número de tránsfugas de asociaciones preexistentes, como el Gresham College, el Royal College of Physicians, la Barber-Surgeons' Company o la Worshipful Society of Apothecaries, por no hablar ya de ese famosísimo *Colegio Invisible*, que pasa por ser su más directo precursor.

El *Colegio Invisible*, nombre acuñado por Robert Boyle en su correspondencia [4], no era sino un grupo informal, compuesto inicialmente por diez personas, que comenzó a reunirse en 1645 con una periodicidad un tanto variable en tabernas, casas particulares e incluso en el Gresham College. Aunque la composición y las actividades del *Colegio Invisible* fueron variables, los artifices de la Roral Society tendieron a considerarlo el germen inequívoco de la nueva institución. La única excepción viene dada curiosamente por la primera historia oficial de la

1. Acerca de las sociedades científicas italianas y francesas pueden verse los capítulos tres y cinco del clásico estudio de Martha Ornstein, *The Role of Scientific Societies in the Seventeenth Century* (Chicago, the University of Chicago Press, 1928).

2. *Virtuosi* es un término de origen incierto con el que se designaba en la época a los aficionados al cultivo de las ciencias desde una perspectiva generalmente empirista e independiente de la tradición. Véanse Clelia Pighetti, *Boyle* (Milán, Edizioni Accademia, 1968), págs. 75-76, y Dorothy Stimson. «Amateurs of Science in Seventeenth-Century England», *Isis* vol. XXXI, núm. 1 (1939).

3. Al margen de los trabajos clásicos sobre el tema que aparecen citados a lo largo del presente ensayo, puede verse en este mismo volumen «La Royal Society de Londres y el programa baconiano», donde se plantean ya algunas de las cuestiones tratadas en las páginas siguientes.

4. Concretamente en sus cartas de 22 de octubre de 1646 a su tutor, Isaac Marcombes, de 20 de febrero de 1647 a su amigo Francis Tallents y de 8 de mayo de ese mismo año a Samuel Hartlib. Véanse *Works* (Londres, A.Millar, 1744), vol. 1, páginas XXXIV, XXXV y XL.

sociedad, debida a Tomas Sprat, quien— por razones que más adelante se revelarán— , evitó mencionar cualquier precedente lejano y trató de vincular estrechamente su fundación con la restauración de los Estuardo [5]. Sin embargo, el segundo historiador de la Royal Society, Thomas Birch, se vio ya en la necesidad de corregir tal versión y hubo de subrayar las innegables conexiones existentes entre ésta y el mencionado *Colegio Invisible:*

> «Por lo que respecta a la constitución de la Royal Society, Sprat no va más allá de *algún tiempo después del final de las guerras civiles*, eligiendo como marco de las primeras reuniones de los hombres doctos que sentaron sus bases la Universidad de Oxford y, en particular, los aposentos del Dr. John Wilkins en Wadham College. Sin embargo, podemos remontarnos todavía más atrás en busca del origen de tan excelsa institución, si atendemos al testimonio del Dr. John Wallis, uno de sus primeros y más destacados miembros. De acuerdo con su versión, fue en torno al año 1645 cuando varias personas respetables, residentes en Londres e interesadas por la filosofía natural, así como por la nueva filosofía experimental, convinieron reunirse una vez por semana para conversar sobre tales materias. Entre ellos se contaban el Dr. John Wilkins, el Dr. Wallis, el Dr. Jonathan Goddard, entonces aspirante y luego miembro del Colegio de Médicos, el Dr. George Ent, el Dr. Francis Glisson y el Dr. Christopher Merret, todos ellos médicos, el señor Samuel Foster, profesor de astronomía en el Gresham College, el señor Theodore Haak, un alemán oriundo del Palatinado que sugirió y propició tales reuniones, y otros muchos. Las sesiones se celebraban a veces en los aposentos del Dr. Goddard en Woodstreet, dado que tenía a su servicio un operario experto en pulir lentes para los telescopios, otras veces en un lugar accesible de Cheapside e incluso en el Gresham College o sus proximidades. Se acordó excluir las cuestiones políticas y teológicas a fin de considerar y discutir únicamente materias filosóficas, así como aquellas otras relacionadas o emparentadas con ellas, como puedan ser la medicina, la anatomía, la geometría, la astronomía, la náutica, la estática, el magnetismo, la química, la mecánica y las experiencias naturales, o bien con el estado de tales estudios, tanto en nuestro país como en el extranjero. Según parece, es a este grupo al que se refería Robert Boyle en algunas cartas de 1646 y 1647 con el nombre de *Colegio Invisible o Filosófico.*» [6]

El silencio de Sprat es sumamente revelador por cuanto que encarna plenamente el espíritu historiográfico de los padres de la Royal So-

---

5. Thomas Sprat, *The History of the Royal Society of London, for the Improving of Natural Knowledge* (Londres. J. Martyn. 1667), pág. 54.

6. Thomas Birch, *The History of the Royal Society of London for Improving of Natural Knowledge from its First Rise* (Londres, A. Millar. 1756-57), vol. I págs. 1-2, El texto de Wallis al que se alude es su carta de 29 de enero de 1697 al Dr. Thomas Smith, recogida por C.R. Weld. *A History of the Royal Society with Memoirs of the President, compiled from Authentic Documents* (Londres, J.W. Parker, 1848), vol. I. págs. 30 y ss.

ciety. Sin entrar ahora en cuestiones tales como la del peso específico de los grupos de Oxford y Londres [7] o la personalidad de los científicos mencionados, si cabe haber hincapié sobre uno de los rasgos más característicos de su obra, a saber: la ausencia de toda alusión a precedentes extranjeros y el marcado componente nacionalista de la empresa. En rigor, el hecho mismo de ser su autor Sprat —futuro obispo de Rochester y deán de Westminster, poco versado en cuestiones científicas— puede considerarse ya anómalo. Su redacción hubiera debido correr a cargo del infatigable secretario de la sociedad, Henry Oldenburg, pero éste fue apartado del proyecto por razones estrictamente tácticas: como quiera que el objetivo primordial de la *History of the Royal Society* consistía en presentarla como una empresa constructiva y patriótica de la que cabía esperar grandes beneficios materiales y espirituales, no pareció pertinente encargársela a alguien que hubiese nacido en el continente (cual era el caso de Oldenburg). Sprat, hombre de letras y protegido de John Wilkins, que fue siempre el cerebro gris de la operación reunía todos los requisitos exigibles a un propagandista y de esta manera el proyecto fue a parar a sus manos. Quizá sea exagerado decir que escribió la obra al dictado, pero si es cierto que se trató de un encargo controlado hasta en sus menores detalles. Su carácter apologético iba necesariamente en detrimento de la objetividad, hasta el punto de que difícilmente podremos considerar la *History* de Sprat como una exposición imparcial del proceso de constitución de la misma [8].

Por lo demás, Sprat prodiga por doquier los elogios al monarca [9] —con la esperanza, quizás, de que financiara la institución— e insiste en que el credo empirista asumido por la Royal Society no atenta ni contra la religión cristiana [10], ni contra la idea de Dios [11] ni contra los Evangelios [12], ni contra la Iglesia de Inglaterra [13], así como tampoco representa peligro alguno para las universidades y las instituciones académicas en general [14]. Es en este contexto en el que hay que entender el *culto* a Bacon, que ocupaba un lugar destacado en el frontispicio de la obra junto a Carlos II: lord Verulam ofrecía una inmejorable imagen

7 A este respecto puede verse la polémica mantenida por Christopher Hill. «The Intellectual Origins of the Royal Society: London or Oxford» y A.R. Hall y M.B. Hall, «The Intellectual Origins of the Royal Society: London and Oxford (ambos ensayos en *Notes and Records of the Royal Society*. vol. XXIII, núm. 2, 1968).

8 Es muy significativo, por ejemplo, que Sprat no sólo silencie los precursores extranjeros, sino que tampoco mencione las tentativas anteriores en la propia Inglaterra, retrotrayéndose únicamente a las reuniones en casa de Wilkins, su protector.

9 Thomas Sprat, *op. cit.*, págs. 403-413.

10 Thomas Sprat, *op. cit.*, págs. 345-347.

11 Thomas Sprat, *op. cit.*, págs. 348-349.

12 Thomas Sprat, *op. cit.*, págs. 351-353.

13 Thomas Sprat, *op. cit.*, págs. 369-378.

14 Thomas Sprat, *op. cit.*, págs. 323-329.

como precursor de la Royal Society y su filosofía proporcionaba a la naciente sociedad una coraza protectora frente a las críticas que desde los más diversos flancos arreciaban. Los miembros de la Royal Society sabian cuán exagerada era su elección de flancos como único antecesor, pero eran igualmente conscientes de que sólo descartando cualquier influencia extranjera podrían hacer frente a las numerosas dificultades con las que todavía entonces tropezaba la empresa [15].

La tesis de Sprat —conforme a la cual la Royal Society fue una directa prolongación del grupo de Oxford y derivó su filosofía de la obras de Bacon— ha sido sostenida por más de un historiador contemporáneo [16], a pesar de que la prehistoria de dicha institución es cada vez mejor conocida. Pero frente a esta interpretación R. H. Syfret formuló en 1948 una hipótesis alternativa, que haría correr rios de tinta entre sus colegas: al margen del innegable influjo de Bacon, el grupo comeniano —con Samuel Hartlib a la cabeza— fue uno de los principales agentes de este proceso de institucionalización de la ciencia inglesa que se intensifica en los años cuarenta y culmina con la fundación de la Royal Society [17].

Jan Amos Komenský (Comenius) [18], el famoso reformador de la pedagogia, era natural de Moravia, región de la que hubo de exiliarse —con muchos de sus compatriotas y correligionarios— a raiz del edicto de 31 de julio de 1627, por el que se prohibia en Bohemia y Moravia cualquier otra religión que no fuera la católica. Leszno, en territorio polaco, fue el primero de sus refugios y el lugar donde redactó algunas de las obras que le harian famoso, especialmente *Janua linguarum reserata* (1631), *Physicae ad lumen divinum reformatae synopsis* (1633), *Conatuum pansophicorun dilucidatio* (1638) y la *Didactica magna* (1633-38; en realidad, una versión latina considerablemente ampliada de un original checo que data de 1628-1632). Estas obras —más una escrita antes de abandonar su patria, *Labyrint světa a lusthauz srdce* (1623)— bastaron para que la fama de Komenský se extendiera por toda Europa y llegara incluso a Inglaterra. En 1632, John Anchoran había publicado en Londres una edición pirata de su *Janua linguarun,* que

15 Acerca del baconianismo de la Royal Society pueden verse Hans Aarsleff. «Thomas Sprat», en Charles C. Gillispie (ed). *Dictionary of Scientific Biography,* Nueva York, Charles Scribner's Sons, 1970-1980, vol. XII y Alberto Elena, *op. cit.*

16 Asi, por ejemplo, H.R. Trevor-Roper. «Three Foreigners: The Philosophers of the Puritan Revolution», en *Religión, Reformation and Social Change,* Londres, Macmillan, 1967, y Margery Purver, *The Royal Society: Concept and Creation,* Londres, Routledge and Kegan Paul. 1967.

17 R. H. Syfret, «The Origins of the Royal Society», en *Notes and Records of the Royal Society,* vol, V, núm. 2, 1948, *passim.*

18 Para una primera aproximación biográfica a la figura de Komenský puede verse František Kožik, *Comenius* (Praga, Orbis, 1981).

Fig. 19. Komenský representado en el frontispicio de sus *Didactica Opera Omnia* (1657), obra del pintor holandés Krispin de Das.

Samuel Hartlib (un emigrado de la Prusia polaca recién afincado en Inglaterra) leyó con tal fuición que resolvió ponerse en contacto directo con Komenský [19]. La correspondencia se inició en 1633 y Hartlib no sólo se ofreció a difundir sus ideas en Inglaterra, donde publicaría dos de sus obras, sino incluso a buscar financiación para sus proyectos de reforma educativa. Llegó a acariciar la idea de que el checo visitara Inglaterra en 1636, mas todas las esperanzas se vieron frustaadas. Hartlib, sin embargo, no desfalleció y logró convencer a algunas personalidades de la conveniencia de invitar oficialmente a Komenský para que viajara a Londres, al tiempo que confiaba en que el nuevo Parlamento constituido en noviembre de 1640 secundase su iniciativa. Aun cuando los trámites distaban mucho de haber finalizado, Komenský accedió a visitar Inglaterra: luego de una frustada travesía que le hizo recalar nuevamente en el puerto de Danzig, desembarcó finalmente en Londres el día 21 de septiembre de 1641.

Ciertamente no era Hartlib su único admirador inglés: John Dury —que acababa de regresar de Dinamarca con la expresa finalidad de conocerle—, John Pym —diputado en la Cámara de los Comunes— y John Williams —obispo de Lincoln y muy pronto arzobispo de York— recibieron al ilustre visitante y le agasajaron con una cena en casa de este último. A partir de ese momento no dejaron de hacer planes. Fundamentalmente se trataba de materializar el proyecto pansófico comeniano, pero también de crear un ambiente favortable a los exiliados moravos, todavía dispersos por Europa en condiciones por lo general un tanto precarías [20]. Podemos, no obstante, pasar por alto este aspecto y concentrarnos en aquel otro, sin duda mucho más relevante para nuestros propósitos. El objetivo primordial del grupo no era sino la constitución de un *Colegio Pansófico o Colegio Universal* que promoviera la reforma educativa y religiosa preconizada por Komenský. Mientras proseguían sus gestiones ante el Parlamento de cara a la obtención de una ayuda oficial, comenzaron a buscar uan sede para el Colegio: se barajaron los nombres de diversos lugares (el Hospital Savoy, el Hospital de la Santa Cruz en Winchester, etc.), pero el más firme candidato fue sin duda el Chelsea College, fundado en 1607 por iniciativa de Matthew Sutcliffe, deán de Exeter, con el propósito de convertirlo en un gran centro de estudios teológicos que fuera al mismo tiempo un im-

---

19 G. H. Turnbull ha considerado, no obstante, la posibilidad de que Hartlib y Komenský se conocieran a través de George Hartlib, hermano de aquél, que había estudiado teología en Heidelberg en los mismos años que Komenský; veánse *Samuel Hartlib, with Special Regard to his Relations with J. A. Comenius* (Londres, Spottiswoode, Ballantyne & Co., 1919), pág. 26.

20 J. J. O'Brien, «Robert Boyle, Samuel Hartlib and the History of Science Teaching» (tesis doctoral, Londres, 1960); citado por Dagmar Čapková, «New Theses on Comenius», *Acta Comeniana*, vol. XXVI, núm. 2, 1970, pág. 316.

portante baluarte anticatólico. Las gestiones, sin embargo, no prosperaron y la suerte del grupo comeniano llegó a ser incierta a raíz del estallido de la revolución irlandesa a finales de 1641. Paralizadas todas las iniciativas —excepto las tareas de propaganda—, Komenský aguardó todo ese invierno en espera de una solución, mas no tardó en comprender que lás circunstancias hacían difícil la realización de sus sueños: hasta sus protectores se hallaban ahora enfrentados, como en el caso de Pym y el obispo Williams, oculto aquél y encarcelado éste. Desesperanzado Komenský zarpó de Londres el 21 de junio rumbo al continente, dando así comienzo a un nuevo peregrinaje que le conduciría sucesivamente a los Países Bajos, Alemania, Suecia, de nuevo Leszno, Hungría y, por fin, a la ciudad que sería su refugio hasta la muerte, Amsterdam.

Durante su estancia en Inglaterra Komenský había escrito un importante opúsculo, *Via lucis*, tardíamente publicado en 1668 [21], pero que circuló profusamente entre sus amigos y vino a convertirse en el manifiesto del grupo de Hartlib una vez que hubo partido el maestro. Este tratado constituye un inmejorable exponente de las preocupaciones comenianas, a la vez que un ajustado compendio del proyecto pansófico elaborado en obras anteriores [22]. Invocando en la introducción el sueño de Jeremías [23] y su visión de una nueva Iglesia, a la par que de un nuevo y más perfecto orden mundial, Komenský confía —con sus maestros Alsted y Andreae [24]— en la posibilidad de restablecer una auténtica unidad religiosa en Europa. Ahora bien, tal objetivo no podrá alcanzarse —añade— si no se emprende paralelamente una profunda reforma del conocimiento y la educación. El gran mal de la humanidad

21. *Via lucis, vestigata et vestiganda* (Amsterdam, Christoph Conrad, 1668).

22. El término *pansofía,* de inequívoco origen griego, llegó a estar extraordinariamente difundido en el siglo XVII y, al parecer, Komenský lo tomó de la *Pansophia, sive Poedia Philosophica* (Rostock, 1633) de Peter Laurenberg; véase Frank E. Manuel y Fritzie P. Manuel, *Utopian Thought in the Western World* (Cambridge [Mass.], The Belknapp Press of Harvard University Press, 1979; citado por la edición castellana *El pensamiento utópico en el mundo occidental,* Madrid, Taurus 1981), vol. II, pág. 12.

23. *Jeremías,* XXXI, XXXII y XXXIII.

24. Johann Heinrich Alsted (1588-1638) enseñó filosofía en la Academia de Herborn, en tanto que Johann Valentin Andreae (1586-1654), un teólogo luterano discípulo suyo, fue según todos los indicios el cerebro gris de la fantasmagórica Hermandad de los Rosacruces y, porsteriormente, el autor de una influyente utopía literaria, la *Reipublicae Christianapolitanae Descriptio* (Estrasburgo, 1619). Las concepciones milenaristas no eran en absoluto ajenas a estos pensadores obsesionados por el futuro de la religión cristiana —amenazada a la sazón por un sinfín de cismas y divisiones—, encontrando su eco en el propio Komenský: su monumental *De rerum humanorum emendatione consultatio catholica* (concluida en 1666, pero no publicada hasta 1966) anunciará el advenimiento de un nuevo milenio, luego de alcanzar el hombre un auténtico conocimiento de Dios y de su admirable creación gracias a los métodos expuestos en obras anteriores. En el siglo XVII pansofía y utopía fueron con frecuencia las dos caras de una misma moneda.

es, para Komenský, la ignorancia: combatirla por todos los medios es la gran tarea á realizar, habida cuenta, además, de que se trata de un imperativo divino que las propias Escrituras contemplan [25]. La unidad del conocimiento y la adecuada progresión desde lo más concreto e inmediato hasta los primeros principios abstractos son las piedras angulares de la gnoseología comeniana. El mundo natural —la *Escuela Física*— se concibe como el más accesible de los caminos hacia la sabiduría divina, como un preludio a la eternidad, al que seguirán la *Escuela Metafísica* y la *Escuela Hiperfísica* [26]. Es preciso comenzar por el estudio de aquélla, de la mano de los sentidos, y sólo después pasar a las otras dos esferas del conocimiento: ahora bien, detenerse en el primer estadio es algo tan ridículo como la actitud de aquel hombre que, comenzando a construir una torre, no fuera capaz de terminarla [27].

Komenský se muestra firmemente convencido de que el fracaso de todos los proyectos de reforma hasta entonces ensayados se debe al hecho de haberse fundado en remedios y soluciones particulares tan estériles socialmente como los esfuerzos del médico que trata de curar a un enfermo grave sanando uno solo de sus miembros: lo que se necesita es una Reforma Universal [28]. Pero las instituciones creadas para mover el conocimiento y el desarrollo de un nuevo orden social han adolecido siempre de este defecto, de manera que su carácter específico y particular ha impedido que dieran los frutos esperados. Para llevar a cabo la reforma pansófica con la que sueña Komenský, es preciso fundar un *Colegio Universal,* integrado por sabios de todo el mundo que compilen vastas enciclopedias susceptibles de traer la luz a todos los hombres —sin distinción de razas, nacionalidades o clases— y esbocen los programas educativos idóneos para que la ambiciosa tarea [29].

El capítulo XVIII de *Via lucis* («Collegii Universalis Forma»), está íntegramente dedicado a la descripción de esta sociedad pansófica. Sus miembros habrían de elegirse cuidadosamente entre los más doctos de los hombres y tendrían que estar en permanente contacto a fin de que la dipersión no menoscabara sus esfuerzo. Estarían igualmente vinculados por leyes sagradas que dieran cohesión al grupo y, aunque no se

25. Los farragosos escritos de Komenský y, en general, de todos los pansofistas suelen estar salpicados de numerosas citas bíblicas, hasta el punto de hacer realmente difícil su lectura: en este punto concreto los pasajes que con más frecuencia se invocan son *Isaías,* 11.9 (*«No habrá ya más daño ni destrucción en todo mi monte santo, pues estará la tierra llena del conocimiento del Señor, como llenan las aguas el mar»*), y *Daniel,* 12.4 (*«Tú, Daniel, ten en secreto estas palabras y sella el libro hasta el tiempo del fin. Muchos lo leerán y acrecentarán su conocimiento»*).

26. *Via lucis,* Introducción, sección 15; capítulo I, sección 8; etc.

27. *Via lucis,* Introducción, secciones 23 y 24. El ejemplo está tomado de *Lucas,* XIV, 28-30.

28. *Via lucis,* capítulo XIV, secciones 5 y 6.

29. *Via lucis,* capítulo XV, sección 7.

les asignasen tareas específicas, deberían trabajar continuamente por la reforma pansófica. La excelencia de su misión justificaría fuera de toda duda una financiación pública para el Colegio e incluso, si ello fuera posible, la colaboración de los más poderosos reinos de Europa. Especial importancia dentro de sus labores habría de adquirir la educación de todos los pueblos del mundo, incluidos aquellos que profesan otras religiones, hasta el punto de abogar Komenský por una lengua universal que no discriminase a unas naciones con respecto a otras y que fuera más rica que cualquiera de las conocidas, eliminando al mismo tiempo imprecisiones y confusiones (con lo que se podría evitar rinalmente los tan frecuentes discursos sobre palabras en lugar de sobre cosas) [30].

Tal es la importancia concedida por Komenský a los aspectos pedagógicos que algunos autores han llegado a suponer que lo que realmente buscaba en Inglaterra —y lo que en último término esperaba del *Colegio Universal*— era la preparación de buenos libros de texto para las escuelas [31], olvidando que el ideal de la perfectibilidad reigiosa es en todo momento el principio rector de la reforma comeniana. Sin embargo, la lectura que de sus obras hicieran sus amigos y discípulos ingleses tendió a acentuar determinados aspectos del proyecto pansófico en detrimento de otros, y no siempre en estricta fidelidad al pensamiento del maestro. Así, y aun dentro de unas coordenadas teológicas comunes, el interés por Komenský no se limitó a los aspectos religiosos de su sistema [32]: hubo, por así decir, una lectura más *progresista* que cristalizaría en torno a Samuel Hartlib y que sería compartida por la plana mayor de los comenianos ingleses.

Para empezar, sus seguidores subrayaron los elementos empiristas del sistema pansófico de Komenský, realzándolos más allá de lo que acaso éste hubiera estado dispuesto a conceder. Es verdad que en su *Via lucis* el pensador checo había apelado a los sentidos como criterio de verdad en el conocimiento del mundo natural, preparando así el camino al intelecto y salvaguardándole de diversos errores [33], y que su programa pedagógico tenía fuertes connotaciones empiristas, aproximándose en algunos casos a los radicales métodos expuestos por Campanella en *La città del Sole* (1602). También es cierto que compartirá con numerosos autores renacentistas las críticas a los peripatéticos por su

30. La cuestión de la lengua universal es ampliamente tratada en el capítulo XIX de *Via lucis*.

31. Oskar Kokoschka, «Comenius, the English Revolution, and our Present Plight», en Joseph Needham (ed.), *The Teacher of Nations,* Cambridge, Cambridge University Press (1942), pág. 62.

32. Christopher Hill, *Intellectual Origins of the English Revolution,* Oxford, Oxford University Press (1965); citado por la edición castellana *Los orígenes intelectuales de la revolución inglesa,* Barcelona. Crítica (1980), pág. 129.

33. *Via lucis,* capítulo XVI, sección 11.

oscuridad, sus contradicciones, sus errores y, sobre todo, por su irritante forma de proceder de espaldas a la experiencia [34], que le hará exclamar a Komenský:

> «Pues así como no vemos el Sol si no es mirando hacia él, tampoco aprenderemos nada sobre la naturaleza a menos que la escrutemos.» [35]

Sin embargo, el conocimiento sensorial se presenta siempre como el primer paso de una escala en la que los dos estadios posteriores corresponden a la razón y a la Revelación, principios suceptibles de corregir a aquél cada vez que sea preciso. En última instancia, el empirismo comeniano tiene también raíces teológicas y como tal ha de tomarse si no se quiere desvirtuar su auténtico carácter:

> «De la misma manera que no hay nada en el intelecto que no hubiera estado antes en los sentidos, así tampoco hay nada en la fe que no estuviese previamente en el intelecto. Por lo tanto, el creyente debe ante todo saber qué es lo que tiene que creer: de ahí que las Escrituras nos inviten constantemente a escuchar, ver, gustar, estar atentos, y afirmen que la fe también viene por el oído. Yo añado: lo mismo ocurre con la certeza.» [36]

La propia naturaleza del proyecto pansófico de Komenský, al insistir en la unidad del conocimiento (teológico, científico, etc.), tendió a dar frutos puramente enciclopédicos en los que muchas veces la información era de segunda mano y favoreció incluso la recaída en el misticismo y la sabiduría esotérica de sectas elitistas alejadas de los programas de acción directa [37]: ahí radicará precisamente la gran diferencia entre los discípulos centroeuropeos e ingleses del filósofo checo, tal y como en seguida veremos. Antes, sin embargo, convendrá prestar un poco de atención a las ideas físicas de Komenský, puesto que en su obra —como en la de Bacon— coexistieron elementos de marcado carácter tradicional con escasas, pero significativas, intuiciones que le convierten en un profeta y visionario de la nueva ciencia [38]. A tenor de lo que

---

34. Véase, por ejemplo, su *Physicae ad lumen divinum reformatae synopsis*. Amsterdam, J. y J. Janssonius, fol. a 5^r.
35. *Physicae ad lumen divinum reformatae synopsis*, pág. 3.
36. *Physicae ad lumen divinum reformatae synopsis*, fol. a 6^v - a7^r.
37. Charles Webster. «Macaria: Samuel Hartlib and the Great Reformation». *Acta Comeniana*, vol. XXVI, núm. 2 (1970), págs. 158-159.
38. John D. Bernal. «Comenius' Visit to England, and the Rise of Scientific Societies in the Seventeenth Century», en Joseph Needham (ed.), *op. cit.*, pág. 29. Los aspectos más innovadores de la filosofía natural de Komenský son sin duda los referidos a la institucionalización de la ciencia y la constitución de sociedades científicas. Por el contrario, su conservadurismo es evidente desde numerosos puntos de vista: bastará señalar cómo, un siglo después de la publicación del *De revolutionibus*, Komenský seguía oponiéndose

puede leerse en su *Physicae ad lumen divinum reformatae synopsis*, Komenský suscribió (probablemente por influjo de Andreae) una filosofía natural de corte hermético-paracelsiano, caracterizada como es obvio por su orientación empirista y antiaristotélica. En los albores de la era del mecanismo Komenský seguía representándose la naturaleza como un organismo vivo, como un vasto laboratorio químico, toda vez que el sistema de Descartes —con quien se entrevistó en 1642 en Leiden— le parecía poco cristiano. No obstante, a la hora de fundamentar su cosmovisión se separó de Alsted, que había tratado de vincularla a principios más tradicionales, y volvió su mirada hacia Bacon. Con todo, y como muy bien ha puesto de relieve Jaromir Červenka [39], en la *Sypnosis* el influjo baconiano es mucho menor que el ejercido por Campanella, ya que no veía en la obra de Lord Verulam un auténtico sistema: de ahí que le reproche haberse contentado con insinuar las vías para el estudio de la naturaleza, aduciendo unos pocos ejemplos, pero dejando todo el trabajo por hacer [40].

Las relaciones de Komenský con Bacon son un tanto ambivalentes, pues aunque no fue éste su gran maestro [41] tampoco cabe menospreciar el impacto de la *Instauratio magna* sobre aquél. Ésta era calificada en el prefacio de la *Sypnosis* como

> «una obra admirable, que no puedo contemplar sino como el más brillante destello de una nueva era de luz» [42]

Su interés por la filosofía baconiana se remonta a los años de exilio en Leszno, a partir de 1628 y, sobre todo, al comienzo de su correspondencia con Hartlib, a quien con frecuencia pedía que le enviase obras de Lord Verulam. Sin embargo, su repercusión real en las obras de Komenský es pequeña: tan sólo una vaga actitud empirista, cuyas raíces no son exclusivamente baconianas, y una ardiente convicción en el progreso del saber y en la ventajas que a éste reportaría la creación de un

---

al sistema corpernicano del universo por considerarlo puramente arbitrario y opuesto a las enseñanzas bíblicas. Sobre este particular véase Karel Hujer, «Comenius and Copernicus», en *Actes du XIe Congrès International d'Histoire des Sciences,* Wroclaw-Varsovia-Cracovia, Ossolineum (1968).

39. Jaromir Červenka, *Die Naturphilosophie des Johann Amos Comenius,* Praga, Nakladatelství Československé Akademie Věd (1970), pág. 63. La presente exposición de la física comeniana debe mucho a este importante ensayo.

40. *Physicae ad lumen divinum reformatae synopsis,* fols. a4^{v} - a5^{r}.

41 En efecto, Komenský recibió el principal estímulo intelectual de Alsted, Andreae, Campanella, Llull, Vives y Bathe. Véanse Robert F. Young. *Comenius in England,* Oxford, Oxford University Press (1932), págs. 4-5 y Ana Heyberger, *Jean Amos Comenius (Komenský): Sa vie et son oewvre d'éducateur,* París, Librairie Ancienne Honoré Champion, 1928, pág. 49.

42 *Physicae ad lumen divinum reformatae synopsis,* fol. a4.

Colegio de hombres doctos más o menos emparentado con la Casa de Salomón descrita en la *New Atlantis* (1627). A lo largo de las páginas de *Via lucis* Bacon reaparecerá, empero, con insólita frecuencia, mas no hay que olvidar que se trata de una obra programática, propagandística, y que ya entonces aquél se estaba convirtiendo en la coartada intelectual idónea para los partidarios de la *nueva filosofía* en Inglaterra. Así, Komenský llegará a decir que el *Colegio Universal* debería constituirse en esta nación a modo de homenaje a Bacon [43], cuando es bien sabido que las razones fueron otras y que recaló en la isla tras haber agotado todos sus recursos: por lo demás, en la *Didactica magna* reconocerá que era indiferente dónde se fundase tal Colegio [44].

Komenský compartió, sin embargo, con Bacon —y con otros muchos utopistas del siglo XVII— una fe inquebrantable en la conexión existente entre el progreso social y el progreso tecnológico [45] o, dicho de otra forma, en el papel central que le correspondía a la ciencia en el proceso de reordenación cristiana de la sociedad de la época. Esta convicción reaparece en todos y cada uno de sus seguidores ingleses, bastante numerosos ya en el momento de su partida. Podemos contar entre ellos (además de Hartlib, Dury, Pym y el obispo Williams) a Theodore Haak, Joachim Hübner, John Selden, Lord Brooke (Robert Greville), Sir Cheney Culpepper, Nicholas Stoughton, el arzobispo de Armagh (James Ussher), John Gauden, Gabriel Plattes, John Pell, Benjamin Worsley, John Beale, Cressy Dymock, Ralph Austen, William Petty y Robert Boyle. Fuera de su vinculación al proyecto comeniano, pocas cosas tenían en común; en tan heterogéneo grupo podemos encontrar nobles, terratenientes, políticos, eclesiásticos, comerciantes, matemáticos, filósofos, orientalistas... Ellos fueron quienes mantuvieron viva la antorcha pansófica tras el regreso de Komenský al continente, superando los efectos de la diáspora de 1642-1643 que —por distintas razones— llevó a Dury a La Haya, a Pell a Amsterdam y a Haak a Dinamarca. Hartlib, aun a falta de tan valiosos colaboradores, prosiguió incansablemente sus gestiones y proyectó incluso una nueva visita a Komenský a Inglaterra, jamás realizada [46]. El *Colegio Universal* no llegó a ver la luz, pero no por ello dejó Hartlib de impulsar otros proyectos, como

---

43 *Via lucis,* capítulo XVIII, sección 10.

44 *Didactica magna,* capítulo XXXI, sección 15, col. 184, en *Opera didactica omnia,* Amsterdam, Laurentius de Geer, 1657.

45 Ilona Komor. «The Problems of Technological Culture in *Schola ludus*», en Eva Földes e István Mészáros (eds.), *Comenius and Hungary,* Budapest, Akadémiai Kiadó, 1973, pág. 86.

46 En 1646 Komenský, que había sido siempre mucho menos optimista que Hartlib, escribió, sin embargo a éste preguntándole si se daban ya las condiciones propias para llevar a la práctica el soñado *Colegio Universal,* véase H. R. Trevor-Roper, *op. cit.*, págs. 278-279.

la famosa Office of Publick Adresse, gran centro de información en el que cualquier ciudadano podría conocer desde las vacantes laborales hasta el estado de las más recientes discusiones teológicas. Además, se diseñó —por iniciativa de John Winthrop, futuro gobernador de Connecticut y corresponsal de Hartlib tras una visita a Inglaterra en el otoño de 1641, durante la cual pudo conocer al propio Komenský— un plan para implantar los métodos pedagógicos comenianos en Nueva Inglaterra, concretamente en el llamado *Indian College* de Harvard, fundado en 1655 para acoger a los alumnos nativos y en el que se llegó a utilizar la *Janua linguarum* como libro de texto [47]. La experiencia fue seguida en la metrópoli con enorme expectación y el propio Boyle se comprometió hasta el punto de desempeñar durante veintiocho años el cargo de *Governor* de la Corporation for the Propagation of the Gospel in New England, que el Parlamento Largo había establecido en 1649. Con posterioridad, y a la vista de los anteriores fracasos, Hartlib y Dury elegirán las islas Bermudas como marco para la realización de un nuevo proyecto utópico (esta vez a gran escala), frustrado también por falta de patrón. La restauración monárquica de 1660, a raíz de la cual Hartlib cayó en desgracia, pondría fin a todas sus esperanzas.

Los comenianos ingleses fueron en muy buena medida los responsables de la rehabilitación del baconianismo, que sólo en la década de los cuarenta comenzó a estar en boga [48]. Hartlib entró en contacto con la filosofía de Lord Verulam durante sus años de estudiante en Cambridge, siendo él quien despertara el interés de Dury por la misma. Algunos de los amigos londinenses de Komenský, como el arzobispo Williams, habían conocido personalmente al canciller Bacon y simpatizaban con sus programas de reforma del saber. Otros, los menos, se aproximaron a su obra a través de los escritos del propio Komenský [49]. Por

---

47 Los resultados no fueron, sin embargo, demasiado halagadores: los dos primeros eruditos indios salidos de las aulas de Harvard College, Joel Jacoomis y Caleb Cheesechaumuk (al parecer versados en la lengua latina y con algunos conocimientos de griego), fallecieron prematuramente en 1665 y 1666, en tanto que otros menos dotados abandonaron en seguida la carrera académica.

48 Véanse Charles Webster, *op. cit.*, págs. 152 y 159 y Frances A. Yates, *The Rosicrucian Enlightenment,* Londres, Routledge and Kegan Paul, 1972; citado por la edición castellana *El iluminismo rosacruz,* México, Fondo de Cultura Económica (1981), pág. 222. Por su parte, P. M. Rattansi, en «The Intellectual Origins of the Royal Society», en *Notes and Records of the Royal Society,* vol. XXXIII, núm. 2 (1968), ha subrayado la extraordinaria importancia que tuvo el círculo de Hartlib en el proceso de difusión de las concepciones utopistas de raigambre hermética en Inglaterra (en particular, la idea de una gran reforma religiosa, social y educativa), que coexistiría pacíficamente con la nueva *filosofía mecánica.*

49 Esta simbiosis de ideas baconianas y comenianas no fue un fenómeno exclusivamente inglés. Así, puede encontrarse en el húngaro János Bayer, profesor de la escuela luterana de Eperjes (la actual Presov), en cuyo *Ostium vel atrium naturae ichnographyce delineatum* (Kaschau/Košice, Marcus Severinus, 1662) expone una filosofía natural

Fig. 20. La isla como reducto utópico en el Renacimiento. Ilustración de la *Utopia* (1516) de Thomas More.

lo general, el baconianismo que propugnaba el círculo de Hartlib estaba mucho más cerca del *Valerius Terminus*, el *Advancement of Learning*, la *Sylva Sylvarum* o la *New Atlantis* que del *Novum Organum Scientiarum:* esto es, recabaron de Lord Verulam no tanto una peculiar filosofía de la ciencia —el inductivismo— como un programa de reforma social y política. En última instancia, a Hartlib y sus amigos les interesaba bastante poco desarrollar la filosofía natural [50], puesto que lo que verdaderamente les preocupaba era la resolución de los problemas sociales más acuciantes. Sólo en este sentido puede calificarse el suyo de *«baconianismo vulgar»* [51]. Ahora bien, su fidelidad a Komenský tampoco lo fue a ultranza: las profecías milenarista de Kotter, Poniatowska y Drabík, a las que tan aficionado era [52], poco o nada podían servir al ciudadano inglés en una época turbulenta en la que *levellers, diggers* y *ranters* ofrecían propuestas mucho más directas. Con el grupo de Hartlib las utopías abandonaron la ficción y devinieron manifiestos reformistas para los que se preferían la mucho más modesta denominación de *ideas* [53]. Allí donde Komenský seguía siendo fiel a Alsted y Andreae sus seguidores ingleses apelaron al utilitarismo baconiano y acometieron su tarea con una auténtica mentalidad empresarial [54].

---

de corte paracelsiano, en la cual encontramos, sin embargo, concepciones gnoseológicas muy próximas a las de Komenský junto a elementos tan inequívocamente baconianos como la teoría de los *idola* o la defensa de las *historias naturales* y el método inductivo.

50 Como ha apuntado G. H. Turnbull («Samuel Hartlib's Influence on the Early History of the Royal Society», en *Notes and Records of the Royal Society,* vol. X, número 2 (1953), pág. 127, Hartlib estaba muy poco interesado personalmente por cuestiones científicas concretas.

51 Charles Webster, *op. cit.,* pág. 159. Véase también Joan Simon, «The Comenian Educational Reformers (1640-1660) and the Royal Society of London», en *Acta Comeniana,* vol. XXVI, núm. 2 (1970), *passim* en donde la autora sale al paso de las interpretaciones de Trevor-Roper y Purver, para quienes el grupo comaniano no haría sino desvirtuar el auténtico baconianismo, que finalmente restaurara la Royal Society.

52 Frank E. Manuel y Fritzie P. Manuel. *op. cit.,* vol. II, págs. 165-168.

53 Frank E. Manuel y Fritzie P. Manuel. *op. cit.,* vol. II, págs. 15-16.

54 *«Había una importante diferencia entre Bacon y los místicos: el Dios calvinista de Bacon era distante e inescrutable, de modo que su naturaleza no podría ser revelada ni debería investigarse con excesivo celo. El hombre ha de contentarse con la recuperación de los poderes sobre la naturaleza que perdiera a raíz de la Caída. La vía calvinista hacia la ciencia, exactamente igual que la de la salvación, era remota, sistemática y laboriosa, además de carecer de toda garantía de certeza. La ciencia baconiana, acercándose lenta y provisionalmente a las causas de las cosas, se corresponde muy bien con esta actitud. No permitía recaída alguna en la metafísica especulativa, debiendo consagrarse el científico una y otra vez al estudio de la naturaleza. Para Andreae y los místicos luteranos, la comunión con Dios era un objetivo mucho más fácil de alcanzar y el éxito en las actividades experimentales iba acompañado por una iluminación espiritual que favorecía a su vez una visión más penetrante de la naturaleza. La investigación empírica no era, pues, sino una de las vías del conocimiento: así, mientras que la pansofía de Andreae presentaba un sesgo experimental, la* Sophia Christiana *de Weigel consideraba las operaciones manuales como algo incluso perjudicial para el conocimiento. Comenius tam-*

En efecto, Hartlib (y no menos su amigo Dury, comerciante innato) reparó de inmediato en las posibles consecuencias económicas de los proyectos pansóficos —aspecto éste ajeno al pensamiento comeniano—, acentuándose esta propensión en sus discípulos hasta el punto de hacerle temer en alguna ocasión que el viejo ideal de alumbrar una hermandad espiritual cayera en el más completo olvido. No cabe duda de que Hartlib era sinceramente piadoso —en su diario llegó a escribir que las autopías de Campanella y Andreae eran superiores a la de Bacon por ser 'más cristianas'— [55], como demuestra su compromiso con el proyecto de creación de una nueva *Societas Christiana:* ésta, que recibió el nombre de *Antilia,* había operado a pequeña escala en los estados bálticos gracias al tesón de Heinrich Heinz Dorpat, un amigo de Andreae, auténtico inspirador del proyecto. Hartlib, que desde antiguo se había mantenido en contacto con este grupúsculo, participó incluso en las negociaciones para fundar una colonia en Virginia conforme a tales directrices. *A Description of the Famous Kingdome of Macaria* (1641), una utopía literaria escrita durante la visita de Komenský a Inglaterra por un discípulo de Hartlib, Gabriel Plattes, debe casi todo al proyecto *Antilia:* no en vano la obra, publicada anónimamente, se ha venido atribuyendo durante más de tres siglos al propio Hartlib [56].

Dentro del grupo comeniano, *Macaria* marca el paso de las sociedades y hermandades utópicas a las más pragmáticas propuestas de reforma social, así como la intensificación de los rasgos característicos de su peculiar interpretación de Komenský y Bacon. La categoría fundamental de ésta será la de *publick good,* sin duda mucho más emparentada con Lord Verulam que con el pensamiento comeniano, objetivo que les llevará a convertise en reformadores no ya del saber, sino de todos los aspectos de la vida social (educación, higiene y salud pública, relaciones económicas...). La ciencia y sus aplicaciones tecnólogicas como principal factor emancipador y como clave para solucionar los distintos problemas sociales, idea que cabe reconocer como el claro deno-

---

bién matuvo algunas reservas acerca del valor del enfoque baconiano, que consideraba un medio lento e inseguro para llegar a la pansofía, la cual podía obtenerse con más facilidad armonizando el testimonio de los sentido, la razón y la Biblia. Cualquiera que fuese el valor de los primeros principios de la pansofía, no se limitaban únicamente a resolver problemas empíricos: para esta clase de filosofía natural la satisfacción derivaba más bien de la comprensión de los principios abstractos», Charles Webster, *op. cit.,* pág. 158. Acerca de la concepción empresarial de la reforma hartlibiana, véase Frank E. Manuel y Fritzie P. Manuel, *op. cit.,* vol. II, págs. 179-183.

55. *Ephemeris* (1653), citado por P. M. Rattansi, *op., cit.,* vol. II, págs. 179-183.

56. La correcta identificación del autor se debe a Charles Webster, «The Authorship and Significance of *Macaria*», en *Past and Present,* núm. 56, 1972. Una versión castellana de esta obra se encuentra en A. Elena, «Utopías científicas del siglo XVII: *A Description of the Famous Kingdome of Macaria*» (en *Llull,* vol. IX, núms. 16-17 [1986], págs. 65-80).

minador común de las utopías renacentistas (incluida la *New Atlantis*), encuentra en el círculo de Hartlib a sus más activos y apasionados portavoces tras la muerte del propio Bacon. La restauración monárquica de 1660 marcó el fin de esta aventura, al igual que el de tantas otras que conociera la turbulenta Inglaterra cromwelliana, pero trajo consigo la constitución de la Royal Society. Hartlib, caído en desgracia y condenado al ostracismo, ni siquiera fue invitado a formar parte de la misma: su fallecimiento, dos años después, pasó prácticamente desapercibido. Con su desaparición, el círculo comeniano se eclipsó y todos los honores y parabienes quedaron para Bacon, cuya rehabilitación precisamente ellos habían promovido. La pregunta es, pues, obligada: ¿qué quedó, en definitiva, del espíritu del grupo de Hartlib en la nueva y pujante Royal Society?

Las malas lenguas dijeron que Komenský no quiso regresar a Inglaterra por haberse aburguesado durante su larga estancia en Amsterdam bajo la protección de Laurentius de Geer [57], pero lo cierto es que —tras la decepción de su primer viaje— ninguna de las nuevas ofertas le pareció suficentemente sólida. Y, además, Komenský creyó ver en la Royal Society la materialización de su *Colegio Pansófico,* por lo que pensó que habría que secundar esta iniciativa en lugar de dispersarse con otros proyectos similares. Su *Via lucis,* publicado un cuarto de siglo después de haber sido escrito, se abría con una entusiástica dedicatoria, fechada en Amsterdam el 13 de abril de 1668, en la que saludaba *«a los portadores de la antorcha de esta época ilustrada, miembros de la Royal Society de Londres, que alumbran felizmente el nacimiento de la auténtica filosofía».* A estos *ministros de la luz* —como él les llamaba— brindaba Komenský sus esfuerzos, asegurándoles que toda la humanidad había contraído una deuda con ellos y elogiándoles por sus trabajos en pos del conocimiento de la naturaleza [58]. No deja tampoco de alabar a Carlos II de Inglaterra por haber auspiciado la fundación de la Royal Society, ejemplo de sabiduría que los demás monarcas deberían imitar [59]. Conviene, además, tener en cuenta que Komenský se decidió a publicar su *Via lucis* tan sólo a raíz de la aparición de la *History* de Sprat, obra en la que no se le menciona ni a él ni a sus discípulos ingleses: de no haber reconocido en la Royal Society la cristalización de todas sus expectativas, ¿qué razón hubiera tenido para manifestar tan ardiente interés?

---

57. Véase, por ejemplo, Pierre Bayle, *Dictionnaire historique et critique,* Rotterdam, R. Leers, 1697; citado por la tercera edición, revisada y aumentada, Rotterdam, M. Bohm, 1720, vol. I, pág. 912: *«La lluvia de oro que cayó sobre él en esta ciudad le obligó a permanecer en ella el resto de sus días».*

58. *Via lucis,* introducción, secciones 1 y13.

59. *Via lucis,* Introducción, sección 30.

Komenský estaba, no obstante, lejos de Londres y tan sólo tenía una visión sesgada e indirecta de lo que estaba sucediendo en la Inglaterra de la Restauración. Allí nadie parecía muy interesado en desenterrar la prehistoria de la Royal Society y así Henry Oldenburg, secretario de la misma y yerno de John Dury, escribió a Komenský el 5 de junio de 1668 para darle cortésmente las gracias por su dedicatoria y por los cuatro ejemplares de *Via lucis* que le había enviado [60], archivando a continuación el asunto. Eso fue todo. Disgregado el círculo comeniano, nadie más se volvió a acordar del maestro checo. Pero aunque algunos historiadores —concediendo excesivo crédito a las versiones oficiales acerca de la constitución de la Royal Society (Sprat, Birch, etc.)— han negado que exitiera conexión alguna entre los proyectos comenianos y dicha sociedad [61], la vieja tesis de Syfret parece conservar su vigencia: no deja de resultar plausible que la inspiración ideológica de sus fundadores viniera tanto de Bacon como de Komenský, ya sea a través de Hartlib o de Haak [62]. No sólo la probada presencia de Haak en ambos grupos parece avalar esta opinión, sino también la citada carta de Boyle a Hartlib —con fecha de 8 de mayo de 1647— en la que presenta a éste como inspirador del Colegio *Invisible:*

> «...os interesáis de tal modo por el *Colegio Invisible,* y éste a su vez se muestra tan atento a todos los incidentes de vuestra vida, que cualquier noticia sobre vuestros asuntos adquiere de inmediato el carácter de una *utopía*» [63].

Sin embargo, la versión de Boyle no parece ajustarse excesivamente a la realidad, puesto que Hartlib jamás formó parte del grupo, aunque estuviera en contacto con el mismo y conociera sus actividades a través de discípulos como Petty o el propio Boyle [64]. Por lo que se refiere a Haak, su vinculación a ambos colectivos está fuera de toda duda (incluso pasa por ser el promotor del *Colegio Invisible*), pero, en cambio, no parece que lo hiciera como representante oficial del grupo comeniano: la suya fue más bien una colaboración por libre, completamente ajena a los proyectos pansóficos de su correligionarios [65]. Ahora bien, di-

---

60. Jan Kvačala, *Korrespondencé. Listy Komenského urstevniku jeho,* Praga, Nakladatelství České Akademie, 1897-1902, núm. 284.

61. Así, por ejemplo, J. D. Bernal, *op., cit.,* pág. 33, que admite, no obstante, alguna vaga influencia ideológica sobre los promotores de la Royal Society; Douglas McKie, «The Origins and Foundation of the Royal Society», en *Notes and Records of the Royal Society,* vol. XV, 1960, pág. 15 y Margery Purver, *op., cit.,* especialmente pág. 209.

62. R. H. Syfret, *op., cit., passim.*

63. Robert Boyle, *Works,* vol. I, pág. XL.

64. G. H. Turnbull, «Samuel Hartlib's Influence on the Early History of the Royal Society», especialmente pág. 129.

65. Pamela R. Barnett, «Theodore Haak and the Early Years of the Royal Society», en *Annals of Science,* vol. XIII, núm. 4, 1957, págs. 209 y 213.

rimir la cuestión atendiendo únicamente al grado de compromiso *personal* de los distintos seguidores de Komenský con el *Colegio Invisible* o la Royal Society, resultaría en extremo desafortunado y, una vez más, conduciría la discusión por derroteros equivocados.

Es cierto que la Royal Society no supuso en modo alguno la plena realización del ideal puritano de un Colegio Universal para el progreso de la piedad y del saber, mas su parentesco era lo suficentemente estrecho como para hacerse acreedora de la dedicatoria del *Via lucis* de Komenský en 1668, con la que esperaba alentar a sus miembros para que consagraran sus energías al postrer objetivo de la reforma universal [66]. Tampoco tenía, en rigor, demasiado que ver con la Casa de Salomón baconiana (era, para empezar, una sociedad privada que debía autofinanciarse) y, sin embargo, nadie ha pretendido por ello negar la influencia de Lord Verulam. Las utopías o *ideas* de sociedades científicas fueron a la sazón numerosísimas, mas —como era de esperar— ninguna de ellas se correspondió realmente con lo que la Royal Society habría de ser. Ahora bien, los ideales, los intereses e incluso el lenguaje de muchas de ellas presentaban entre sí sorprendentes concomitancias, que sin duda reflejan unas inquietudes muy generalizadas. El grupo comeniano constituyó uno de los principales estímulos para la institucionalización del saber científico en la Inglaterra setecentista y, desde luego, no fue culpa suya que la realidad no se ajustase a sus sueños. En efecto, el humanitarismo y las preocupaciones del círculo de Hartlib, todavía presentes en el *Colegio invisible,* no reaparecen por lo general en la Royal Society: la ética social preconizada por los comenianos dejó paso a una academia aristocrática y elitista que optó por una lectura más «conservadora» de Bacon y, de la mano del *Novum Organum,* se consagró a la compilación de vasta historias naturales [67].

El silencio oficial acerca de la contribución de los comenianos ingleses a la creación de un estado de opinión favorable a la constitución de una colegio para el desarrollo de la filosofía natural —cuando no para fines aún más ambiciosos— tiene poco de sorprendente. No se debía, como algún ingenuo ha supuesto [68], a la deficiente información de

66. Charles Webster, *The Great Instauration. Science, Medicine and Reform (1620-1680),* Londres, Duckworth, 1975, pág. 99.

67. Charles Webster, «Macaria: Samuel Hartlib and the Great Reformation», págs. 160-161. Webster acierta también al señalar que la Royal Society acabó pareciéndose mucho más a los colegios diseñados por John Evelyn o Abraham Cowley, cuya finalidad era únicamente promover el progreso de la ciencia y, por ende, satisfacer las inquietudes intelectuales de una élite social perfectamente identificable. Véanse J. Evelyn, carta de 3 de septiembre de 1659 a Boyle, *The Diary and Correspondence of John Evelyn,* Londres, William Bray, 1854, págs. 116-120 y A. Cowley, *A Proposition for the Advancement of Experimental Philosophy,* Londres, Henry Herringman, 1668, pág. 20.

68. Douglas McKie, *op., cit.,* pág. 20.

Sprat o a su escasa aptitud para llevar a cabo la tarea que le había sido encomendada. Antes bien, se trataba de un gesto perfectamene calculado: *«Sprat tenía fundados motivos políticos e ideológicos para adoptar tal actitud y evitar explayarse innecesariamente sobre las carreras de sus fundadores con anterioridad a la Restauración»* [69]. Desde luego, era mucho más conveniente retrotraerse tan sólo a las serenas reuniones de Oxford y acogerse a la tutela del canciller Bacon, corriendo un tupido velo sobre las múltiples iniciativas del período revolucionario [70]. El historiador de las ideas no podrá, pues, reconstruir la prehistoria de la Royal Society sin hacerse eco de las implicaciones nacionalistas del proyecto, que llevaron incluso a sus fundadores a camuflar el pasado con objeto de librar de toda sospecha a una empresa claramente conservadora desde un punto de vista social y político (que no filosófico). Los integrantes del círculo comeniano, encabezado por Samuel Hartlib, se nos aparecen hoy como las grandes víctimas de tal operación.

---

69. Charles Webster, «Macaria: Samuel Hartlib and the Great Reformation», pág. 148.

70. Frances A. Yates, *op., cit.*, pág. 236.

GRAVITACIÓN UNIVERSAL: LOS PRECURSORES DE NEWTON *

Probablemente los dos mayores defectos de la historiografía de la ciencia hayan venido siendo el cultivo de la *«ciencia heroica»* [1] —es decir, el estudio exclusivo y hagiográfico de las grandes figuras de la historia y de las grandes contribuciones que a ellos se deben— y la consiguiente relegación de los científicos de *«segunda fila»* a un oscuro papel de precursores más o menos afortunados. El tema propuesto para este trabajo constituye, en principio, una inmejorable invitación a incurrir en ambos defectos y a reconocer en las limitaciones de cuantos le prepararon el camino los títulos de gloria del portentoso Sir Isaac. Nada más lejos de mi intención que dejarme arrastrar por estos hábitos; muy al contrario, trataré de devolver a su justo lugar a estos gigantes a los que —con un tono falsamente elogioso— hacía referencia Newton en su carta a Hooke de 5 de febrero de 1676: *«Si yo he visto más lejos ha sido por estar a hombros de gigantes»* [2].

Hablar de precursores de alguien que, como Newton, nos legó una obra —¿por qué no decirlo?— prácticamente inabarcable exigiría en cualquier caso (y más dentro del presente contexto) delimitar previa-

---

* Publicado originalmente en C. Sánchez del Río (ed.) *Historia de la física hasta el siglo XIX* (Madrid, Real Academia de Ciencias Exactas, Físicas y Naturales, 1983), págs. 89-104.

1. Recojo el término de C. U. Moulines, «Reply to John North's "On Making History"». [En J. Hintikka, D. Gruender y E. Agazzi (eds.), *Probabilistic Thinking, Thermodynamics, and the Interaction of the History and Philosophy of Science;* Dordrecht, D. Reidel Publishing Co., 1981].

2. En *The Correspondence of Isaac Newton* (ed. por W. H. Turnbull, J. F. Scott, A. R. Hall y L. Tilling; Cambridge, Cambridge University Press, 1959-1977), vol. I, pág. 416.

mente el ámbito de la investigación. En este caso, y por razones no por subjetivas menos justificables, me ha parecido conveniente centrar las pesquisas en el desarrollo de la idea de gravitación con anterioridad a Newton, convencido —por una parte— de la extraordinaria vinculación que entonces se daba entre la física celeste y la terrestre y —por otra— de la no menor importancia que este problema tendría para el autor de los *Principia.*

Durante toda la Antigüedad, e incluso la Edad Media, la gravedad se había venido entendiendo como una propiedad de los lugares y no como una propiedad de la materia. Así, para Aristóteles (384-322 a. C.) no era más que la tendencia natural de los cuerpos pesados a ocupar el centro del Universo: éste era considerado siempre como un punto geométrico, aunque fuera la Tierra la que —conforme al sistema geocéntrico del Estagirita— lo ocupara en la realidad. Con el advenimiento del copernicanismo, ya en el siglo XVI, esta concepción tropezaría con una notable dificultad. Efectivamente, si la Tierra ya no era el centro del Universo y aún así seguían cayendo sobre su superficie los cuerpos pesados, ¿cómo explicar la gravedad? La tendencia al centro ya no se observa, razón por la que Copérnico (1473-1543) habrá de desplazar el acento hacia otro lado y entender la gravedad como la disposición natural de los cuerpos a configurarse en formas esféricas, cualquiera que sea su lugar, admitiéndose de este modo la existencia de diferentes sistemas de gravedad [3]. Obsérvese que, con todo, la gravedad sigue siendo una inclinación natural y en absoluto una fuerza de atracción. Por lo demás, la explicación de los movimientos planetarios no tiene por qué verse modificada: el movimiento circular sigue considerándose el movimiento natural por excelencia y los cuerpos celestes, perfectamente engastados en sus esferas materiales, observan escrupulosamente las trayectorias circulares que les corresponden.

Las conclusiones que extrajera Tycho Brahe (1546-1601) de su estudio del cometa de 1577 —fundamentalemente la inexistencia de las esferas sólidas y cristalinas que transportaban a los cuerpos celestes a lo largo de sus órbitas— pusieron sobre el tapete una pregunta cuya importancia es difícil exagerar: ¿por qué, entonces, se mueven los planetas? ¿Cómo se explican sus movimientos ordenados, armónicos y en absoluto caóticos? Algunos filósofos se inclinaron por soluciones de corte animista y así Giordano Bruno (1548-1600) y Francesco Patrizi (1529-1597), por ejemplo, negaron la existencia de cualquier clase de motor extrínseco y atribuyeron el movimiento a los astros a un prin-

3. *De revolutinonibus orbium coelestium* (Nurenberg, 1543), I, 9: *«Yo, por mi parte, creo que la gravedad no es sino una tendencia natural que la divina providencia del Creador ha conferido a las partes (de los cuerpos) para que recobren su unidad e integridad bajo la forma de una esfera.»*

cipio interno a los mismos [4]. Pero esto, naturalmente, constituía un grave atentado contra el carácter científico de la propia astronomía y, en particular, significaba renunciar definitivamente a la tradicional idea de un Cosmos ordenado y jerárquico.

Puede decirse que la historia de la moderna teoría de la gravitación se inaugura con la publicación del *De magnete* de William Gilbert (1540-1603) en el año 1600. Al comparar la Tierra con un gran imán y reinterpretar la gravedad como una forma especial de atracción magnética, Gilbert da la espalda a la vieja teoría aristotélica de los lugares naturales: la gravedad no se concibe ya como una *tendencia natural* —pues el espacio físico, como el geométrico, es isotrópico—, sino como una *fuerza* ejercida por la materia misma. De esta manera serán las masas de los cuerpos, y no los lugares (puntos geométricos) que ocupan, los que determinen los efectos de la gravedad; en concreto, Gilbert sostiene que la atracción terrestre es —como la propia fuerza magnética— inversamente proporcional a las masas de los cuerpos atraídos. El recurso a una acción a distancia no podía, sin embargo, ser bien visto fuera de determinados círculos filosóficos proclives al animismo, puesto que chocaba frontalmente con las enseñanzas de Aristóteles. El desafío estaba lanzado, pero en esos tormentosos albores del siglo XVII sólo Kepler se atrevería a retomarlo.

Johannes Kepler (1571-1630) es sin duda una de las grandes figuras de toda la historia de la ciencia y por ello mismo se comprenderá la futilidad de cualquier intento de hacer justicia a sus méritos dentro de los márgenes de este estudio: valga, pues, lo que sigue como una mera aproximación [5]. Como se acaba de sugerir, Kepler es el primero que lleva hasta sus últimas consecuencias la sustitución de las tendencias naturales por las fuerzas de atracción en el marco de la física celeste (como ahora se entenderá la astronomía [6]). Muy influído por Gilbert, Kepler trató de explicar el movimiento de los planetas en virtud de una serie de fuerzas capaces de vencer la inercia de los cuerpos, única tendencia natural que admite y que concibe todavía como resistencia

4. Bastará un pasaje de la *Nova de Universis Philosophia* (Ferrara, 1591) de Patrizi para caracterizar esta posición: «*No existe ni ha existido nunca engaste alguno entre el cielo y los astros: ni éstos están engastados a aquél, ni viceversa. Y tampoco es cierto que el cielo arrastre consigo a los astros y los haga girar. Se equivocan todos aquellos filósofos y astrónomos que enseñaron que los astros están engastados al cielo como los nudos a una tabla.*» (fol. 89 r.).

5. Se encontrará un estudio más pormenorizado en A. Elena, «On the Different Kinds of Attractive Forces in Kepler» *(Archives Internationales d' Histoire des Sciences,* vol. XXXIII, n. 110, 1983) Una excelente panorámica del estado actual de las investigaciones sobre Kepler es la que ofrece E. J. Aiton en «Johannes Kepler in the Light of Recent Research» *(History of Science,* vol. XIV, 1976).

6. «Toda la astronomía teórica es parte de la física» *(Epitome Astronomiae Copernicanae,* Libro IV; en *Opera Omnia,* ed por C. Frisch, vol. VI, pág. 303).

al movimiento (y no como resistencia al cambio de estado) [7]. El modelo de la atracción magnética le fascina y de él se sirve para dar cuenta del funcionamiento de la máquina celeste, bien es verdad que la imprecisión terminológica de que hace gala dificulta con frecuencia la comprensión de sus puntos de vista. Así, en su obra es preciso distinguir tres clases distintas de fuerzas: una fuerza motriz que emana del Sol a medida que rota sobre sí mismo y se propaga por el espacio en forma de nervios o cadenas invisibles que mantienen a los planetas en sus órbitas y les hacen girar como si de una rueda se tratara; un segundo tipo de fuerzas, propiamente magnéticas, que generan una serie de atracciones y repulsiones fruto de las cuales es la forma elíptica de las trayectorias planetarias; y, finalmente, la gravedad en sentido estricto, que sólo se da entre cuerpos similares o emparentados (aunque recíprocamente) y que, por tanto, no es todavía universal. Como vemos, la gran novedad introducida por Kepler es la idea de la necesidad de una fuerza constante que mantenga a los planetas en sus órbitas, por cuanto suponía al mismo tiempo el abandono del dogma de la circularidad y concedía la carta de naturaleza definitiva a las acciones a distancia.

Pocos fueron los que de inmediato se atrevieron a transitar por la vía que Kepler acababa de abrir. Pierre Gassendi (1592-1655), por ejemplo, recogió la idea de las cadenas radiales de fuerza —*«radios magnéticos parecidos a cadenas de sujección»* [8], dirá el—, pero desde ningún punto de vista cabe considerarle un kepleriano. No sólo había rechazado el sistema copernicano del universo de la mano del decreto de la Congregación [9] —inclinándose por el menos comprometido de Tycho Brahe—, sino que el recurso a las cadenas de fuerza respondía a un intento desesperado de obviar las acciones a distancia (por lo que naturalmente no podía compartir la explicación kepleriana de las mareas). Gassendi aceptaba, sin embargo, la ley de la propagación de la fuerza motriz emanada del Sol [10], ley que Kepler había formulado ya en su *Mysterium Cosmographicum* de 1596; la intensidad de la misma disminuye en proporción inversa a la distancia. Este sería durante bastante tiempo el caballo de batalla de astrónomos y filósofos.

En el año 1645 se publicó en París la *Astronomia Philolaica* de Ismaël Boulliau (1605-1694), un clérigo francés que acababa de adherirse al copernicanismo. Boulliau acepta en esta obra las trayectorias planetarias elípticas, pero —fiel al ideal de una astronomía puramente cinemática— se niega a admitir los juegos de fuerzas propuestos por Ke-

---

7. Véase *Opera Omnia,* vol. III, págs. 151 y 459.
8. *De motu impresso a motore translato* (París, Louis de Heuqueville, 1642), I, 17, pág. 68.
9. *Ibid.,* II, 13; págs. 155-157.
10. *Ibid.,* II, 11; pág. 148.

pler y se ensaña particularmente con su concepción de la fuerza motriz solar. El astrónomo germano había defendido siempre la extraordinaria afinidad existente entre la naturaleza de ésta y la de la luz; sin embargo, y de forma un tanto sorprendente, las sometió a distintas leyes de propagación. Convencido de la inutilidad de que la fuerza motriz se difundiera por todas las regiones del espacio, ya que los planetas se encontraban situados aproximadamente en el plano de la eclíptica y fuera de éste nada había de ser movido, Kepler supuso que aquélla adoptaba al propagarse la forma de un remolino aplanado: su intensidad habría de disminuir, pues, en proporción inversa a la distancia y no —como la luz— al cuadrado de la distancia. Boulliau subrayó cuán absurda era tal idea, ya que en el supuesto de que tal fuerza existiera (cosa que él no creía en absoluto) habría de estar gobernada por la misma ley de propagación que la luz y consiguientemente expandirse en todas las direcciones del espacio. Y si alguien argüía que la omnipotencia divina podría concentrarla en un solo plano —continúa Boulliau—, cabría responderle que en tal caso hubiera sido mejor comunicársela directamente a los planetas. Su tono es francamente duro: «*Me temo que las invenciones de Kepler no son más que fantasías engendradas por su espíritu extremadamente vivaz, muy ingenioso a la hora de imaginar las causas de los fenómenos en aquellos casos en que las auténticas (causas) permanecen ocultas*» [11]. Como pede verse, tampoco Boulliau estaba llamado a ser el heredero de Kepler.

A decir verdad, el único kepleriano integral que cabe encontrar en la primera mitad del siglo XVII es el malogrado Jeremiah Horrocks (1618-1641), fallecido a los veintidós años, y cuya obra sólo sería publicada póstumamente. Hijo de un relojero, Horrocks fue un autodidacta: las únicas enseñanzas que recibió fueron fruto de su amistad con William Crabtree (1610-1644), un comerciante que años atrás había cursado algunos estudios de astronomía. El punto de partida de sus investigaciones fue el proyecto de elaborar unas efemérides a partir de las *Tabulae motuum coelestium perpetuae* (1632) de Philip van Lansberge (1561-1632). A la vista de sus deficiencias, y por consejo de Crabtree, Horrocks recurrió a las *Tabulae Rudolphinae* (1627) y quedó absolutamente deslumbrado por ellas; tanto es así que de inmediato se dispuso a estudiar las grandes obras de Kepler y pronto fue su más apasionado seguidor.

Los dos grandes principios de Horrocks son, según su propia confesión [12], la necesidad de que la astronomía sea física (y no matemáti-

---

11. Citado por A. Koyré en *La révolution astronomique* (París, Hermann, 1961), pág. 375.

12 *Astronomia Kepleriana, Defensa et Promota* I, 2. En *Opera Posthuma* (Londres, 2.ª ed. 1678), pág. 32. Veánse también VI, i, 2 (págs. 177-178) y VI, i, 3 (pág. 181).

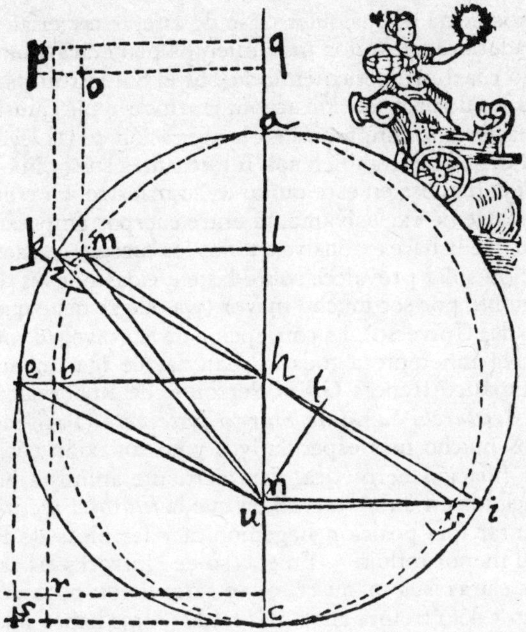

Fig. 21. Diagrama usado por Kepler para establecer la forma elíptica de las órbitas planetarias en su *Astronomia nova* (1609).

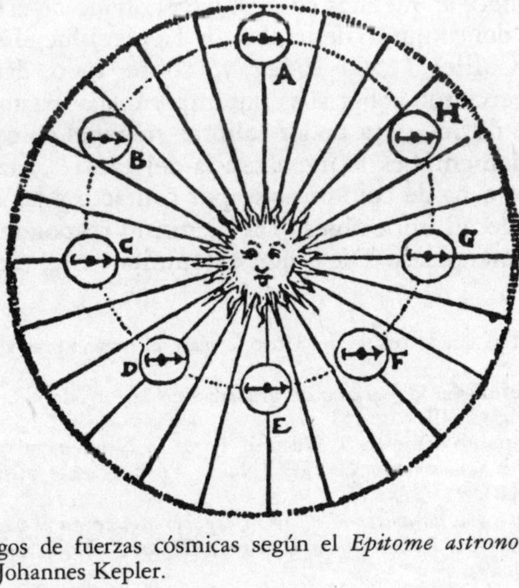

Fig. 22. Los juegos de fuerzas cósmicas según el *Epitome astronomiae copernicanae* (1618-1621), de Johannes Kepler.

ca) y la inexistencia de cualquier clase de esferas materiales en los cielo. La verdadera causa de los movimientos planetarios ha de buscarse en el efluvio cuasi-magnético emitido por el Sol al rotar sobre su propio eje, cuya ley de propagación acepta Horrocks a pies juntillas. Su contribución más importante radica en la aplicación de las leyes de Kepler a la órbita lunar, pero también son interesantes sus opiniones sobre la gravedad. Separándose en este punto de su maestro, Horrocks no piensa ya que ésta se dé exclusivamente entre cuerpos emparentados *(cognati)* [14], sino que la hace extensiva a todos los cuerpos celestes: si la fuerza de atracción solar prevalece sobre las ejercidas por los demás astros es sencillamente por ser mucho mayor (y a ello se debe que el Sol ocupe el centro del Universo). La concepción de la gravedad como una cualidad atractiva inherente a toda la materia fue igualmente defendida por el matemático francés Gilles Personne de Roberval (1602-1675) en su obra *Aristarchi Samii de mundo systemate* (París, 1644), desde presupuestos mucho más especulativos y en conexión con determinadas tesis de filiación hermética. Esta vertiente animista habría de ser muy mal recibida en un momento en que la *filosofía mecánica* comenzaba a detentar una posición hegemónica y las ideas de Roberval no ejercieron el menor influjo [15]. En el caso de Horrocks las causas fueron todavía más claras: sus manuscritos se extraviaron poco después de su fallecimiento y sólo treinta años más tarde —tras haber sido rescatados de las manos de un anticuario— vieron finalemente la luz bajo los auspicios de la Royal Society y, en particular, del infatigable John Wallis (1616-1703).

Pero, con todo, lo que más contribuyó al olvido de estas sugerencias (y, en general, del conjunto de la obra de Kepler) fue el enorme influjo que Galileo Galilei (1564-1642) y, sobre todo, René Descartes (1596-1650) ejercieron sobre sus contemporáneos. Bastarán unas palabras sobre este último para poder calibrar su papel en esta historia. Su postulado fundamental es la inexistencia del vacío [16], razón por la cual todo movimiento ha de comunicarse por contacto y las acciones a distancia se consideran imposibles. Tal plenismo responde a motivacioanes de índole metafísica: Dios, que es omnipotente, crea todo cuanto

13 Además del ya citado pasaje del Libro I, véase el muy expresivo texto de VI, i, 3 (pág. 180).

14. Véase la definición kepleriana de gravedad en la introducción a la *Astronomia nova; Opera Omnia,* vol. III, pág. 151.

15. Sobre este punto véase R. S. Westfall, *Force in Newton's Physics. The Science of Dynamics in the Seventeenth Century* (Nueva York, Science History Publications, 1971), págs. 265-268.

16. *«Es evidente que no existe el vacío ni espacio alguno en el que no haya absolutamente nada» (Principia Philosophiae,* II, 16; en *Oeuvres,* ed. por Ch. Adam y P. Tannery, vol. VIII, pág. 49).

puede crear y sería ridículo pensar que haya dejado espacios vacíos. Descartes identifica espacio y extensión, oponiéndose por tanto a la concepción atomista del espacio-receptáculo. Siendo una la materia que compone el mundo —por más que se presente bajo distintas formas [17]—, las diferencias entre los cuerpos estarán en función de los diversos estados de movimiento que presenten. De ahí el programa cartesiano de explicación del mundo físico en términos de materia y movimiento.

En Descartes aparece ya una formulación del moderno principio de inercia: todo cuerpo persiste en su estado de reposo o movimiento rectilíneo a menos que sea obligado a cambiarlo por la acción de una fuerza exterior [18]. Descartes llegó a tal concepción desde presupuestos igualmente metafísicos: Dios creó una cierta cantidad de movimiento y ésta se conserva eternamente. La elección del movimiento en línea recta se debía sencillamente al hecho de ser el más simple. Pero si se admitía un principio de inercia rectilínea se hacía preciso explicar cómo y por qué se producía el movimiento de los planetas, fuese circular o elíptica su trayectoria. Para ello Descartes se sirvió de la teoría de los vórtices, aspirando a ajustarse al modelo de acción por contacto, único que a su entender era posible. El Sol ocupa el centro de un gran torbellino, en el que asimismo se encuentran los planetas y por el cual son movidos; a su vez, cada planeta está en el centro de un vórtice menor, cuyas partes periféricas mueven a los satélites. La teoría cartesiana de los vórtices, aunque puramente especulativa y en absoluto contrastable, podía sin embargo explicar gran número de fenómenos (por qué todos los planetas giran en el mismo sentido, por qué los planetas inferiores se mueven más deprisa que los exteriores, por qué caen a tierra los cuerpos pesados...). Este carácter omnicomprensivo fue si duda el que le valió su amplia popularidad.

El camino hacia la síntesis final sería realmente abierto por Giovanni-Alfonso Borelli (1608-1679), cuya *Theorica mediceorum planetarum ex causis physicis deducta* (Florencia, 1666) marca un hito importante en la historia de la idea de gravitación. Como buen mecanicista, el científico italiano comienza por rechazar toda suerte de solu-

---

17. La distinción entre las tres clases de materia aparece en *Principia Philosophiae*, III, 52 *(Oeuvres* vol. VIII, pág. 105); acerca de la infinita divisibilidad de la materia y de la consiguiente inexistencia de átomos, véanse II, 20 y III, 34 *(Oeuvres*, vol. VIII, págs. 51-52 y 59-60).

18. Véanse las dos leyes de la naturaleza formuladas en *Principia Philosophiae*, II, 37 y 39 *(Oeuvres*, vol. VIII, págs. 62-63), así como su carta a Constantijn Huygens de 18 de febrero de 1643: *«Considero que la naturaleza del movimiento es tal que basta con que un cuerpo comience a moverse para que continúe haciéndolo siempre con la misma velocidad y siguiendo la misma línea recta hasta que alguna otra causa le haga detenerse o desviarse» (Oeuvres*, vol. III, pág. 619).

ciones animistas, esgrimiendo una argumentación idéntica a la de Kepler: es ridículo recurrir a almas o inteligencias cuando bastan las fuerzas físicas. También toma de él la explicación de los movimientos planetarios, recogiendo la idea de la *species motrix* emanada del Sol. Introduce, sin embargo, una pequeña modificación: ahora son los propios rayos de luz los que la transmiten. La ley de su propagación debería ser, por tanto, aquélla de la luz, mas Borelli —sorprendentemente— acepta la suposición kepleriana del debilitamiento en proporción inversa a la distancia.

Conforme a la imagen de las invisibles cadenas de fuerzas que ideara Kepler no había dificultad alguna para explicar la permanencia de los planetas en sus órbitas. Pero Borelli, que suscribe el principio de inercia rectilínea, piensa que éstos tendrían que salir despedidos por la tangente a menos que sean solicitados por una fuerza central (de *atracción* y no ya de *tracción* como la *species motrix*): los movimientos celestes, al igual que los terrestres, engrendran fuerzas centrífugas. De este modo, Borelli admite una tercera fuerza, que no es otra que la atracción gravitatoria, de la que son objeto todos los planetas y en virtud de la cual tienden a aproximarse al Sol siguiendo una línea recta. La gravedad y la fuerza centrífuga son constantes e iguales, pero se ejercen en sentido contrario: por ello mismo se compensan y se contrarrestan, dando lugar a un estado de perfecto equilibrio. Así, pues, los planetas se mantienen en sus órbitas gracias a la acción simultánea de estas dos fuerzas (más la *species motrix,* cuyas funciones son —como hemos visto— otras) [19].

Borelli no pudo llegar más lejos porque sus limitadas dotes en ese área no le permitieron alcanzar una buena comprensión de las matemáticas de la fuerza centrífuga. Pero una cosa sí era clara: el equilibrio entre una fuerza central y otra centrífuga daba lugar a una trayectoria orbital perfectamente circular y, sin embargo, después de Kepler ya no era posible ignorar la forma elíptica de las mismas. El lastre galileano —mucho más pesado de lo que a veces se reconoce [20]— le impedía a Borelli explicarlas en virtud de un juego de atracciones y repulsiones magnéticas y se vio obligado a dar cuenta de ellas convencionalmente por medio de pequeñas correcciones. La profunda aversión hacia todo

---

19. Para todo lo anterior, véase el capítulo IX de la *Theorica mediceorum planetarum* (Florencia, Ex Typographia S.M.D., 1666), págs. 45 y 55.

20. Véase por ejemplo, R. S. Westfall, *Force in Newton's Physics,* pág. 219: «*El elemento básico de su mecánica celeste provenía directamente de Kepler, con un barniz galileano como motivo ornamental.*» Mucho más matizada es la valoración de A. Koyré: «*No seamos demasiado severos con el científico italiano: la tarea que se impuso —a saber, la transformación de la dinámica celeste de Kepler de manera que resultase aceptable para un galileano— era ciertamente muy difícil. Demasiado difícil. En rigor, era imposible.*» (*La révolution astronomique,* pág. 495).

cuanto pudiera tener resonancias animistas u oscurantistas se manifiesta incluso en el lenguaje que emplea: así, como oportunamente subrayara Koyré [21], no dice siquiera que *«el hierro es atraído por el imán»*, sino más bien que *«el hierro se mueve hacia el imán»;* por lo demás, resulta muy significativa su explicación de la atracción gravitatoria por analogía con una *«pulsación en cierto modo parecida a la del corazón»* [22], toda vez que entiende esta operación en un sentido radicalmente mecanicista (como dejará claro en su *De motu animalium* (1680)) Obsérvese asimismo que Borelli, fiel a la tradición galileana, continúa entendiendo la gravedad como un tendencia natural de los cuerpos al centro de su sistema; de hecho, la gravitación borelliana es una mera versión de la doctrina de Galileo. Es una fuerza constante, pero en modo alguno universal: sólo se ejerce entre los planetas y el Sol, entre los planetas y los satélites, mas nunca entre los satélites y el Sol o los planetas entre sí, pues en estos casos no cabe hablar de tendencia a un cuerpo central. La importancia de Borelli en el ámbito de la mecánica celeste se reduce a una brillante intuición: los planetas, como las piedras en las hondas, saldrían despedidos por la tangente de no ejercer el Sol sobre ellos una atracción exactamente igual a la fuerza centrífuga.

La marcha hacía la correcta formulación de la teoría de la gravitación universal tropezaba, pues, con el problema de la comprensión de las matemáticas de la fuerza centrífuga. Sería el holandés Christiaan Huygens (1629-1695) quien primero lo lograra en torno, según parece, al año 1659, fecha en que redactó *De vi centrifuga.* Este opúsculo jamás se publicó en vida de su autor, si bien sus principales resultados se recogieron en la obra magna de Huygens, el *Horologium oscillatorium, sive de motu pendulorum ad horologia aptato demonstrationes geometricae* (París, 1673): es precisamente al final de este tratado donde se expone por vez primera la ecuación de la fuerza centrípeta [23].

Huygens suscribe el principio de inercia rectilínea y es muy consciente de que *«la tendencia a alejarse del centro es un efecto constante del movimiento circular»* [24]; por esa misma razón es preciso que exista siempre una fuerza centrípeta que contrarreste a aquella otra. Las tres hipótesis que abren la Parte II de *Horologium oscillatorium* son muy reveladoras: *«I. Si la gravedad no existiera y el aire no afectase al movimiento de los cuerpos, todo aquél que hubiera sido puesto en movi-*

---

21. *La révolution astronomique,* págs. 513 y 518.
22. *Theorica mediceorum planetarum,* capítulo IX, pág. 65.
23. El término *«fuerza centrípeta»* no es utilizado por Huygens, sino que lo acuñará el propio Newton en honor del científico holandés: véase el memorandum inédito, perteneciente a la Portsmouth Collection, U.L.C. Ms. Add. 3968, fol. 415 v. [recogido por I. B. Cohen en su *Introduction to Newton's Principia* (Cambridge (Mass.), Cambridge University Press, 1971], pág. 296.
24. *Discours de la cause de la pesanteur* (Leiden, Chez Pierre Vander, 1980), pág. 131.

miento continuaría haciéndolo en línea recta y con una velocidad uniforme; II. Pero, de hecho, por acción de la gravedad —sea cual fuere su causa— se mueven conforme a un movimiento compuesto por su movimiento uniforme en una u otra dirección y por el movimiento hacia abajo debido a la gravedad; III. Y cada uno de ellos puede considerarse por separado, no obstruyéndose el uno a otro» [25]. Como puede observarse, sigue operando aún el modelo borelliano del equilibrio entre dos fuerza contrapuestas y no la que será concepción newtoniana de un movimiento inercial deformado por la acción de la fuerza centrípeta [26].

Al comienzo de su *De vi centrifugà* Huygens había definitdo la gravedad como un *«conatus descendendi»* [27] de los cuerpos pesados, pero en modo alguno podía admitir que se tratara de una fuerza externa que actuara sobre ellos. Como todos los cartesianos, Huygens concedió un escaso crédito a las contribuciones de Kepler, puesto que éste era el perfecto exponente de lo que se consideraba inaceptable en filosofía natural, a saber, apelar a causas no-mecánicas [28]. Por eso tendrá que volver los ojos hacia la única de las explicaciones disponibles que había sabido sortear la trampa de las acciones a distancia: la teoría cartesiana de los vórtices. No hay que pensar, sin embargo, que acepte ésta de una manera acrítica, sino que —muy por el contrario— incorpora a la misma algunas modificaciones de interés, siempre *«dentro de los límites de la verdadera y sana filosofía»* [29], que naturalmente es el cartesianismo. La gran diferencia con respecto a su maestro radica en la admisión del vació y la defensa de un atomismo de corte gassendiano [30]. La *quantitas materiae* de un cuerpo, y consiguientemente el peso del mismo, dependen estrictamente de la proporción que en él se dé entre los corpúscu-

---

25. *Oeuvres complètes* (La Haya, Martinus Nijhoff, 1888-1950), vol. XVIII, pág. 125.

26. I. B. Cohen, *The Newtonian Revolution* [Cambridge (Mass.), Cambridge University Press, 1980], pág. 82. De hecho, Huygens interpretará erróneamente a Newton creyendo que su sistema del mundo se basa en tal juego de fuerzas opuestas *(Discours*, pág. 165).

27. *Oeuvres complètes,* vol. XVI, pág. 255.

28. E. J. Aiton, *The Vortex Theory of Planetay Motion* (Londres-Nueva York, MacDonald— American Elsevier, 1972), pág. 72. Ese es justamente el único reproche que le hará a Newton, *«puesto que la causa de una atracción tal no es explicable por ningún principio mecánico» (Discours,* pág 159). De manera muy similar Leibniz subrayará en su *Tentamen de motuum coelestium causis* (1689) la analogía entre la atracción newtoniana y las tradicionales cualidades ocultas que la filosofía mecánica aspiraba a desterrar de una vez por todas del estudio de la naturaleza.

29. *Discours,* pág. 127. Sin ir más lejos, el importante apéndice a esta obra constituye antes que nada un intento de remozar la teoría de los vórtices tras la severa crítica newtoniana. Acerca de las relaciones de Hyugens con Descartes puede verse A. Elena, «Huygens y el cartesianismo (A propósito de la noción de gravedad)» (*Llull,* vol. V, núms. 8-9 [1982], págs. 5-16).

30. *Discours,* págs. 161-162.

los (todos ellos de la misma materia, siendo sólo posible que difieran en la forma o el tamaño) y los intersticios vacíos. Así, explicaría Huygens la gravedad como el *conatus recedendi* de las partículas de la materia sutil producido por los velocísimos giros de los vórtices, en tanto que las partículas mayores y más pesadas tienden a ocupar los espacios vacios próximos al centro. La gravedad de un cuerpo es, pues, igual a la tendencia centrífuga de una cantidad equivalente de materia sutil. Sin embargo, tampoco Huygens fue capaz de desarrollar cabalmente sus intuiciones, aferrado como estaba a la teoría de los vórtices, y no pudo extraer todas las consecuencias que su estudio de las fuerzas centrífugas habría de tener en el ámbito de la mecánica celeste. El hecho de que fuese un pensador solitario, sin discípulos, contribuyó aún más a eclipsar sus contribuciones, que hasta hace muy poco no han sido justamente valoradas.

Pero, sea como fuere, todas estas sugerencias dispersas que sobre la gravitación habían venido formulándose a lo largo del siglo germinarían finalmente fuera del Continente, en Inglaterra, que probablemente se benefició de su mayor independencia con respecto a las tradiciones galileana y cartesiana. En 1664 Robert Hooke (1635-1703) había observado la trayectoria del cometa recién aparecido y —frente a su buen amigo Christopher Wren (1632-1723), que la creía perfectamente rectilínea— sostuvo que se curvaba en las proximidades del Sol por efecto de la atracción gravitatoria. Tal punto de vista fue expuesto ante la Royal Society el día primero de marzo de 1665: «*En consecuencia, yo supongo que la fuerza de atracción solar, o de cualquier otro cuerpo central, puede atraer hacia sí al cuerpo en cuestión y de ese modo torcer el movimiento rectilíneo del cometa —al cual es proclive— para dar lugar a una curva cuya parte cóncava está del lado del Sol*»[31]. Ni Hooke ni ninguno de sus colegas fueron capaces de expresar matemáticamente dicha desviación, pero por sus mentes comenzó a rondar la idea de que el movimiento planetario podría estar sujeto a una influencia similar y que bien valdría la pena investigarlo.

Hooke, en particular, volvió a la carga al año siguiente con una breve memoria titulada *On the Inflection of a Direct Motion into a Curve by a Supervening Attractive Principle,* que fue leía el 23 de mayo de 1666 también en la Royal Society. Su tesis era que las trayectorias elípticas de los planetas sólo se podrían explicar si además del primer impulso concurría alguna otra causa que modificase el movimiento inercial. Hooke considera sucesivamente dos posibilidades: a) que el éter sea menos denso cerca del Sol por efecto de calor y de ese modo los

31. El texto de esta disertación, *Cometa,* no se publicó hasta 1678. Aquí se cita por su reimpresión en R. T. Gunther, *Early Science in Oxford* (Oxford, The Subscriber, 1920-1945), vol. III, pág. 229.

planetas tiendan a aproximarse a aquél; y b) que estén sometidos a una atracción constante por parte de un cuerpo central (el Sol). Hooke se inclina por la segunda hipótesis sin explicar las razones que le mueven a hacerlo, mas no es difícil adivinar cuáles son: la primera opción contradecía el requisito de la naturaleza isotrópica del éter, supuesto fundamental de su explicación de la naturaleza de la luz [32]. Al igual que Borelli, Hooke considera el movimiento circular como el resultado de la composición de dos movimientos rectilíneos, uno por la tangente y otro hacia el centro. No obstante, lo que en el italiano era todavía una peculiar tendencia o *«instinto natural»* de los planetas a moverse hacia el Sol ahora no es sino un efecto más de la acción de una fuerza auténticamente universal [33]. Por lo demás, Hooke ya no cree que esta fuerza de atracción sea constante, sino que varía proporcionalmente a la distancia: el problema radicaba precisamente en llegar a conocer la ley exacta de tal variación.

Algunos autores han mantenido que Hooke conocía ya la ley del cuadrado de la distancia en esta época [34], pero basta con examinar *An Attempt to Prove the Motion of the Earth from Observations,* memoria leía en 1670 y publicada cuatro años más tarde, para darse cuenta de que no es así. El texto concluye con la explicación de los tres supuestos básicos del sistema del mundo de Hooke [35]. El primero de ellos establece el carácter universal [36] de la fuerza de atracción gravitatoria; el segundo supuesto no es más que una formulación del principio de inercia rectilínea; el tercero relaciona la intensidad de la fuerza de atracción con la distancia, mas sin saber precisar en qué porporción. Hooke concluía su obra con una invitación a sus colegas para que prosiguieran los estudios sobre el problema, pero por el momento tendría que ser él mismo quien continuara las investigaciones. Así, en torno al verano de 1676 —según revelan distintas anotaciones en su diario [37]— Hooke sospechaba ya que la fuerza atractiva disminuía en proporción inversa al cuadrado de la distancia (muy probablemente por influjo de Huygens,

---

32. F. F. Centore, *Robert Hooke's Contributions to Mechanics. A Study in Seventeenth-Century Natural Philosophy* (La Haya, Martinus Nijhoff, 1970), pág. 95.

33. Véase la definición en gravedad en *A Discourse of the Nature of the Comets,* leído en 1682 y publicado en *The Posthumous Works* (Londres, Samuel Smith & Benjamin Walford, 1705); pág. 176.

34. Véase L. D. Patterson, «Hooke's Gravitation Theory and its Influence on Newton» *(Isis,* vol. XL, n.º 122, 1949 y vol. XLI, n.º 123, 1950), pág. 330.

35. *An Attempt to Prove the Motion of the Earth from Observations* (Londres, John Martyn, 1674), págs. 27-28.

36. De hecho, no es sino *aparentemente* universal, puesto que sólo se da entre aquellos cuerpos que tienen una naturaleza similar u homogénea (véase el texto citado en la nota 33); de lo contrario, como es el caso de los cometas, los cuerpos son repelidos.

37. Véase Johannes Lohne, «Hooke *versus* Newton. An Analysis of the Documents in the Case of Free Fall and Planetary Motion» *(Centaurus,* vol. VII, 1960-61), pág. 13.

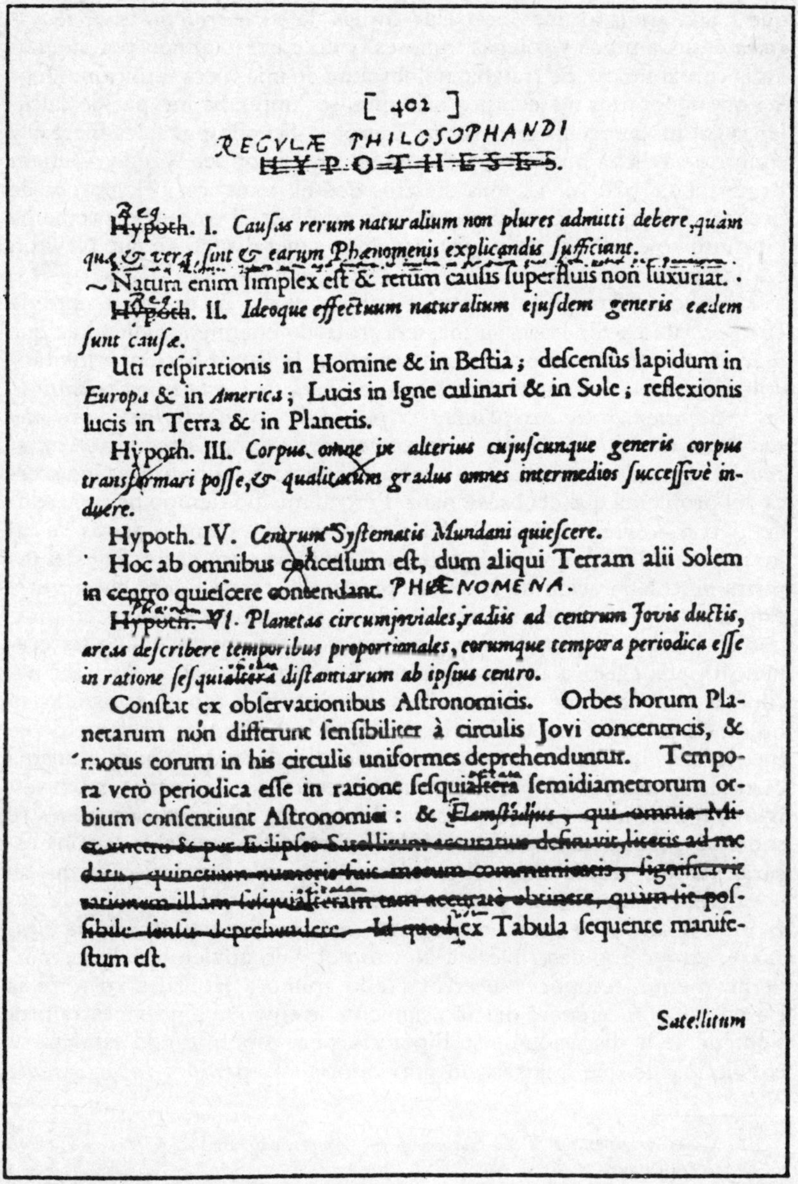

Fig. 23. Sistemática sustitución del término 'hipótesis' por parte de Newton en los *Principia* (1687), tal vez como resultado de las críticas formuladas por Hooke.

que había enviado una docena de copias de su *Horologium oscillatorium* a sus amigos y colegas ingleses, y en parte también por su analogía con la luz [38]). Se trataba, no obstante de una mera intuición; Hooke, que no era un matemático brillante, se confesaba incapaz de calcular la órbita que debía recorrer un cuerpo solicitado por tales fuerzas y conforme a dicha proporción. Sus amigos Christopher Wren y William Brouncker (1620-1684), más diestros que él, tampoco lo lograron; de hecho, nadie en la Royal Society sabía resolver el complejo problema y pronto se extendió un convencimiento generalizado de que Newton era la última esperanza.

Hooke se armó finalmente de valor y el día 24 de noviembre de 1679 escribió a Sir Isaac, su más encarnizado enemigo, pidiéndole que reanudara sus interrumplido contactos con la Royal Society e invitándole asimismo a comentar su hipótesis *«relativa a la composición de los movimientos de los planetas a partir de un movimiento en línea recta siguiendo la tangente y de un movimiento de atracción hacia el cuerpo central»* [39], con la esperanza quizá de poder sonsacarle algo acerca del problema que el obsesionaba. Pero al mismo tiempo hay que convenir con Koyré [40] cuánto de falsa modestia se escondía detrás de tal invitación: Hooke, que tenía sobrados motivos para desconfiar del espíritu de colaboración de Newton, pretendía secretamente hacer ver a éste cómo él mismo estaba realizando importaciones trabajos en campos en los que el propio Newton apenas si era un aficionado (la gravitación y la elasticidad, en concreto). Conforme suponía, Sir Isaac declinó la invitación de volver a la Royal Society y rehusó comentar su hipótesis sobre la mecánica celeste alegando —con una evidente doble intención— que no había oído hablar de ella. A cambio, en esta misma carta de 27 de noviembre y para no parecer excesivamente descortés, Newton exponía un conjetura sobre los efectos de la rotación terrestre sobre la trayectoria de los graves; la cual suponía que debía ser una espiral. Hooke, tras analizar el problema, llegó a la conclusión de que su oponente se equivocaba, pues la línea descrita por el grave *«no se parecería en absoluto a una espiral, sino más bien a una especia de elipse»* [41], tal y como describiera a Newton el 9 de noviembre. Este, inesperadamente, reconoció su error y ello animó a Hooke a volver a la carga: así, el 6 de enero del año siguiente le envió una nueva carta proponiéndole la discusión de su hipótesis, pero especificando esta vez su convicción de que la atracción gravitatoria *«es siempre inversamente*

---

38. Véase *A Discourse of the Nature of the Comets,* pág. 185.
39. *Correspondence,* vol. I, pág. 297.
40. «An Unpublished Letter of Robert Hooke to Isaac Newton» *(Isis,* vol. XLIII, n.º 134, 1952), pág. 317.
41. *Correspondence,* vol. II, pág. 304.

proporcional al cuadrado de la distancia al centro» [42]. Diez días después —el 17 de enero— Hooke, impaciente al no obtener respuesta, vuelve a escribir a Newton en los siguiente términos: *«Quedan aún por conocer las propiedades de la curva (ni circular ni concéntrica) producida por una fuerza de atracción central que hace que las velocidades de caída con respecto a la tangente — o sea, un movimiento rectilíneo uniforme— sean en todas las distancias inversamente proporcionales al cuadrado de la distancia. No me cabe la menor duda de que gracias a vuestro excelente método podréis establecer fácilmente el tipo de curva que deberá ser, así como sus propiedades, y sugerir cuál pueda ser la causa física de tal proporción»* [43]. Pero Newton ni siquiera entonces se sintió lo suficientemente halagado como para contestar y el incipiente diálogo se interrumpió de una vez por todas.

Wren decidió quemar un último cartucho y en 1684 ofreció una prima a quien lograra resolver el problema; todo fue en vano pues nadie parecía ser capaz de ofrecer la ansiada demostración matemática. Al borde de la desesperación, y tras convenirlo así con Hooke y Wren, Edmund Halley (1656-1748) se trasladó a Cambridge en agosto de ese mismo año para visitar a Newton y exponerle personalmente la cuestión. A Halley no le extrañó en absoluto que su anfitrión le dijera tajantemente que la curva descrita por un cuerpo sometido a un movimiento inercial y a la vez solicitado por una fuerza central habría de ser un elipse, pero inmediatemente quiso saber cuál era el fundamento de tal certeza. Newton aseguró haber realizado los cálculos pertinentes en 1665-66 y prometió buscar los papeles y enviárselos a Halley: era ésta una inmejorable ocasión para vengarse públicamente de su viejo enemigo, Hooke, que la había escarnecido años atrás a raíz de la famosa polémica acerca de la naturaleza de la luz. Los biógrafos clásicos aseguran que Newton no halló sus papeles y hubo de emplear algunos meses en rehacer los cálculos, pero —frente a esta versión tradicional— algunos autores dudan que realmente hubiera hecho grandes avances durante la peste de 1665 y se inclinan más bien a pensar que fue la visita de Halley (con la consiguiente perspectiva de una sonada revancha) lo que le estimuló para poner manos a la obra [44]. Sea como fuere, pronto dispuso Newton de la solución al difícil problema que atormentaba a sus colegas y finalmente —en julio de 1687— sus resultados fueron publicados en los *Philosophiae Naturalis Principia Mathematica*. Tenía así lugar lo que se ha dado en llamar la *síntesis newtoniana*.

Ya antes de que viera la luz dicha obra Hooke había reclamado la prioridad en el descubrimiento, esperando quizás que Newton recono-

---

42. *Correspondence,* vol. II, pág. 309.
43. *Correspondence,* vol. II, pág. 313.
44. Lohne, «Hooke *versus* Newton», págs. 33-35.

ciera sus méritos en el prefacio de los *Principia.* Al menos eso es lo que Halley, en un intento de conciliar a ambas partes, escribía a Sir Isaac el 22 de mayo de 1686: «*Mr. Hooke alberga ciertas pretensiones en relación al descubrimiento de la ley de la disminución de la gravedad en proporción inversa al cuadrado de las distancias al centro y asegura que vos tomásteis de él esta noción, si bien admite que la demostración de la curva resultante es enteramente vuestra... Lo único que Mr. Hooke parece esperar es que hagáis alguna referencia a él en el prefacio.*» [45] Newton, en su respuesta del 20 de junio, se mostraba indignado por las ínfulas de Hooke, puesto que éste «*no hizo nada, aunque escribió de manera tal que pareciera que sabía y que había vislumbrado suficientemente lo que en realidad aún debía ser resuelto por medio de laboriosos trabajos de observación y cálculo*» [46]. Antes bien —cree Newton—, lo que su oponente había hecho no era sino plagiar descaradamente a Borelli, publicando con su nombre la hipótesis de éste [47]. Como era de esperar, los *Principia* se publicaron sin que Newton diera su brazo a torcer y así se produjo la ruptura definitiva entre ambos genios. Sir Isaac llegó al extremo de esperar a que falleciera Hooke para publicar su *Opticks* (1704), pues temía unas críticas nada elogiosas por parte del mismo. Gracias a haber sobrevivido a todos sus rivales y a la influyente posición que detentaba en la Royal Society, Newton pudo moldear a su antojo la leyenda y auto-erigirse muy por encima de sus contemporáneos. En el caso que nos ocupa, y sin querer entrar en la polémica, cabría únicamente apuntar que si bien Hooke no logró ir más allá de las vagas instituciones, ciertamente orientó y dirigió los pasos de Newton en su investigación. Pero, por otra parte, y aún reconociendo vivamente los méritos de Hooke (así como los de sus colegas de la Real Society), tampoco deja de ser justo seguir asociando la formulación de la ley de la gravitación universal al nombre de Isaac Newton: hablar de él nos llevaría, sin embargo, fuera del marco del presente trabajo, interesado tan sólo por aquellos gigantes que le prestaron sus hombros.

---

45. *Correspondence,* vol. II, pág. 431.
46. *Correspondence,* vol. II, pág. 438.
47. En la carta hay un tibio reconocimiento del papel que la correspondencia cruzada en 1679-80 había tenido como estímulo para sus investigaciones, confesión que se torna mucho más explícita en algunos de los documentos autobiográficos de la Portsmourth Collection, concretamente en el ya citado U.L.C. Ms. Add. 3968, fol. 101 (reproducido por I.B. Cohen en su *Introduction to Newton's Principia,* págs. 293-294).

¿ESTILO NEWTONIANO O IDEOLOGÍA NEWTONIANA? *

> *«Con Newton esta isla puede alardear de haber producido el genio más grande y único que haya existido nunca para ornamento e instrucción de la especie. Precavido hasta el punto de no admitir ningún principio que no estuviese basado en experimentos, aunque resuelto a aceptar tales principios por nuevos e insólitos que fuesen; ignorante por modestia de su superioridad sobre el resto de la humanidad y, por tanto, poco preocupado por acomodar sus razonamientos a la capacidad de captación ordinaria; más ansioso por merecer que por adquirir fama, fue por estas causas desconocido para el mundo durante mucho tiempo, pero su reputación terminó irrumpiendo con un brillo que difícilmente habría alcanzado en vida cualquier otro escritor. Aunque parezca que Newton levantó el velo que cubría algunos de los misterios de la naturaleza, mostró a la vez las imperfecciones de la filosofía mecánica, con lo que restituyó sus últimos secretos a esa oscuridad en la que siempre han permanecido y permanecerán. Murió en 1727 a la edad de ochenta y cinco años.»*
>
> DAVID HUME, *Historia de Inglaterra (1759-62)*

Decía Hume que los únicos cuerpos *celestes* de cuyos movimientos no había sido capaz de dar cuenta Newton eran las mujeres [1]. Hipótesis sugerente en extremo —pues conocida es la escasa autoridad de Newton en tal materia—, parecería, no obstante, necesario buscar alguna otra razón que nos permitiera explicar cabalmente el deslumbrante éxito de la ciencia newtoniana durante el siglo XVIII. Empresa ardua donde las haya, dada la pluralidad de factores a considerar, ésta ha sido sin embargo una de las mayores aficiones de historiadores de la ciencia y del pensamiento en general, hasta el punto de encontrarse el debate aún lejos de un previsible final. Las páginas que siguen —convendría advertirlo de antemano— no aspiran sino a replantear por enésima vez

* Publicado originalmente en *Revista de Occidente*, n.º 68 (enero de 1987), págs. 25-40.

1. *The Letters of David Hume* (Oxford, The Clarendon Press; ed. J.Y.T. Greig, 1932), vol. I, pág. 159.

tal cuestión cuando se cumple el tercer centenario de la publicación de los *Principios matemáticos de la filosofía natural.*

La explicación más generalizada del éxito de la empresa newtoniana es probablemente la sugerida por I. Bernard Cohen —sin duda, el máximo especialista mundial en la obra de Newton—, retomando no obstante ideas y argumentos que ya fueran barajados en la época. Así, para Cohen, la clave de tan extraordinaria fortuna histórica residió en la feliz articulación de lo que él ha dado en llamar *«estilo newtoniano»* [2]. Aunque éste no fue, en rigor, una invención del genial Sir Isaac —Cohen se remite a diversos precedentes en el propio siglo XVII e incluso en la Grecia clásica—, sí que se debió a Newton la definitiva síntesis entre un enfoque matemático y un enfoque físico en la investigación natural. Cohen hace de este modo suya la elogiosa valoración de D'Alembert al conceder a Newton la prioridad en *«el arte de introducir la geometría en la física para dar lugar, mediante la combinación de la experiencia y del cálculo, a una nueva ciencia exacta, profunda y resplandeciente»* [3]. En efecto, el *«estilo newtoniano»* se caracteriza por esa prodigiosa habilidad para reducir los problemas físicos a problemas matemáticos, para tratarlos como tales y aplicar luego los resultados así obtenidos a la investigación empírica. Era, en una palabra, la materialización del sueño galileano de una física matemática, si bien todos los laureles le serían ahora concedidos al gran Newton, eclipsando al pisano y a tantos otros precursores. El estilo newtoniano ejerció sin duda —como quiere Cohen— un poderoso influjo, rayano en la fascinación, sobre los contemporáneos y seguidores del autor de los *Principios,* mas la pregunta tiene con todo que ser formulada: ¿constituyó este peculiar *estilo* la clave del triunfo de la ciencia newtoniana o bien se dieron otros factores no menos significativos en dicho proceso sin los cuales no es posible una cabal comprensión del mismo?

Indudablemente, Newton legó a sus sucesores no sólo un *estilo,* una forma de hacer ciencia, sino también un *sistema del mundo* particularmente comprensivo y satisfactorio desde numerosos puntos de vista. Su aceptación en Inglaterra no fue demasiado problemática, ni era previsible que lo fuera, teniendo en cuenta, además, la privilegiada posición de Newton como presidente de la Royal Society y la ulterior labor de sus discípulos en el seno de las universidades (Whiston, en Cambridge; Gregory, en Edimburgo, etc.); tan sólo el obispo Berkeley —entre las grandes figuras— osó oponerse al nuevo sistema. Sin embargo,

2. I. Bernard Cohen, *The Newtonian Revolution* (Cambridge, Cambrigde University Press; 1980, ed. cast. *La revolución newtoniana,* Madrid, Alianza), especialmente págs. 71-74 de la edición castellana.

3. J. D'Alembert, *Essai sur les Eléments de Philosophie,* XX. Citado por Walter Tega, «Il newtonianismo dei *philosophes*» (*Rivista di filosofia,* vol. 66, n.º 3, 1975, pág. 407.

Fig. 24. La Marquesa de Châtelet, representada en forma de musa, intercepta con su espejo los rayos emitidos por Newton y los refleja sobre el laborioso Voltaire.

las cosas eran muy diferentes en el continente, donde el cartesianismo seguía siendo claramente hegemónico y la filosofía inglesa no gozaba aún de gran predicamento. La recensión de los *Principios* de Newton en el *Journal des Sçavans* —a los pocos meses de su publicación— [4] es en este sentido paradigmática: se admitía la perfección de la mecánica newtoniana desde el punto de vista genérico, pero se le reprochaba a su formulador haberse fundado en supuestos arbitrarios e inadmisibles desde el punto de vista físico. Dicho de otro modo, Sir Isaac habría puesto su extraordinaria competencia matemática al servicio de una hipótesis físicamente absurda e inaceptable como era la de la atracción gravitatoria, acción a distancia que la física cartesiana excluía por principio. La filosofía natural de Descartes, compendiada en el popularismo *Tratado de física* (1671) de Jacques Rohault, parecía inmune a cualquier embate y, sin embargo, el newtonianismo comenzó a introducirse lenta, pero firmemente, en la Europa continental. Primero fueron S'Gravesande y Musschenbroek quienes lo difundieron en los Países Bajos; después, ya en Francia (y al margen del influjo previo sobre algunos discípulos de Malebranche), serían Maupertuis y Voltaire quienes recogieran la antorcha. Aquél tuvo la osadía de defender el concepto newtoniano de atracción ante la muy cartesiana Académie des Sciences, en tanto que éste rompió una lanza a favor de Sir Isaac en sus *Cartas inglesas* (1734) y expuso admirablemente un sistema en los *Elementos de la filosofía de Newton* (1738). Así pues, cuando su amiga la marquesa de Châtelet tradujera al francés los *Principios matemáticos de la filosofía natural* (1759), el nuevo sistema del mundo era ya conocido a través del filtro volteriano.

Esta es precisamente una de las características más singulares del proceso de difusión del newtonianismo, dado que invariablemente se llevó a cabo a través de sus *divulgadores* y sólo en contadas ocasiones a partir de los propios textos originales. Por lo demás, también es significativo el hecho de que la *Óptica* se conociera en el continente antes que los *Principios* (ya en una fecha tan temprana como 1720 había aparecido una traducción francesa en Amsterdam) y que fuera dicha obra la que mereciera una mayor atención por parte de los propagandistas: así, las dos terceras partes de los *Elementos* de Voltaire están dedicados a la exposición de la óptica newtoniana, mientras que la famosa obra de Algarotti *El newtonianismo para las damas* (1737) es, *in extenso,* una presentación del mundo pergeñado en los *Principios* el que más estrechamente acabara asociándose con el nombre de Isaac Newton, aunque las dificultades que presentaba su lectura les parecieran es-

4. *Journal des Sçavans,* 2 de agosto de 1688. Reproducción facsímil y traducción castellana en A. Elena, «La recensión de los *Principia* newtonianos en el *Journal des Sçavans» (Sylva Clius,* vol. 1, n.º 2, 1987, págs. 81-85.

collos insalvables a pensadores de la talla de Hume o Locke (quien, como es bien sabido, hubo de recurrir a Huygens para recabar la opinión de un experto acerca de las demostraciones matemáticas de la obra). Excepto en el caso de aquéllos más cualificados, los newtonianos del siglo XVIII no lo fueron tanto por haber leído los *Principios* como por haberse familiarizado con su contenido a través de sus —excelentes— divulgadores. Así las cosas, no es de extrañar que su proyección se viera claramente enturbiada por las diferentes lecturas e interpretaciones de éstos y que, como más adelante veremos, el newtonianismo deviniera en seguida una inagotable fuente de disputas fuertemente ideologizadas.

Sea como fuere, la hegemonía cartesiana comenzó a resquebrajarse y, paralelamente, Newton vino a erigirse en el arquetipo de científico moderno a los ojos de los hombres del siglo XVIII. Su obra representaba para ellos el final de un largo trayecto hacia la verdad; a partir de entonces —pensaron algunos— sólo cabría ya depurar y pulir los conocimientos adquiridos, así como aplicar sus principios a otras disciplinas, mas la tarea fundamental se entendía que ya había sido hecha por Newton. El cálculo infinitesimal, clave de bóveda del edificio de la ciencia newtoniana, experimentó notabilísimos avances en manos de L'Hôpital, Euler, Bernoulli, etc. La *mecánica racional,* concebida básicamente como una rigurosa sistematización de las aportaciones newtonianas conforme a un modelo axiomático —véase la *Mecánica analítica* (1788) de Lagrange—, se desarrolló considerablemente, al tiempo que aparecían disciplinas como la mecánica de fluidos, que Newton apenas si había vislumbrado en el Libro II de los *Principios*. En lo que toca a la mecánica celeste, Laplace —tras los importantes trabajos de Clairaut, D'Alembert y el propio Lagrange— logró demostrar que las perturbaciones producidas en el sistema del mundo newtoniano por efecto del complejo juego de atracciones gravitatorias entre los diversos astros se corregían por sí solas a modo de mecanismo autorregulable, quedando así garantizados el equilibrio y la estabilidad de nuestro sistema solar. Por si fuera poco, Franklin inauguraría un programa newtoniano en el estudio de la electricidad, la óptica haría suyo el paradigma corpuscularista (pese a las notables virtudes de la hipótesis ondulatoria de Hooke y Huygens) y hasta en la química —disciplina apenas abordada por Newton en la cuestiones que cierran su *Óptica*— la influencia del genial científico inglés se dejaría sentir en toda Europa.

La reputación de Newton carecía de parangón, mas no por ello hay que pensar que no siguiera habiendo cartesianos recalcitrantes opuestos a la nueva filosofía importada de Inglaterra. De ahí que desde un primer momento los partidarios de aquél se sinitieran en la necesidad de embarcarse en un plutarquiano ejercicio de *vidas paralelas,* cuyos protagonistas eran obviamente Newton y Descartes. Lo hizo, por ejemplo,

Votaire en la decimocuarta de sus *Cartas filosóficas,* donde —como es bien sabido— presentaba con deliciosa ironía los contrastes entre ambas escuelas:

> «Un francés que llega a Londres encuentra las cosas muy cambiadas en filosofía, como en todo lo demás. Ha dejado el mundo lleno; se lo encuentra vacío. En París se ve el universo compuesto de torbellinos de materia sutil; en Londres no se ve nada de eso...» [5]

También Diderot acometió tal comparación, aunque esta vez en clave novelesca a través de las páginas de *Los dijes indiscretos* (1748):

> «A la sazón (la Academia) se encontraba dividida en dos facciones, una integrada por los vorticosos y otra por los atraccionarios. Olibri, hábil geómetra y gran físico, fundó la secta de los vorticosos; Circino, hábilo físico y gran geómetra, fue el primer atraccionario. Tanto Olibri como Circino se proponían explicar la Naturaleza. Los principios de Olibri tienen a primera vista una simplicidad que seduce; concuerdan en líneas generales con los principales fenómenos, pero se ven desmentidos en los detalles. En cuanto a Circino, parte en apariencia de un absurdo, pero sólo el primer paso es el que cuesta, pues los detalles minuciosos que arruinan el sistema de Olibri confiman el suyo. Sigue un camino que de entrada parece oscuro, pero que se ilumina a medida que se avanza por él, al contrario que el de Olibri que, claro al principio, se va oscureciendo progresivamente. La filosofía de éste exige menos estudio que inteligencia, mientras que para ser discípulo de aquél se necesitan inteligencia y estudio. No se requiere preparación para entrar en la escuela de Olibri, de la que todo el mundo tiene la clave, pero la de Circino sólo se abre a los grandes geómetras. Los torbellinos de Olibri están al alcance de todas las inteligencias; las fuerzas centrales de Circino sólo están hechas para los algebristas de primer orden. Siempre habrá, pues, cien vorticosos por cada atraccionario, pero un atraccionario valdrá siempre por cien vorticosos» [6].

Sin embargo, no bastaba con la retórica y la propaganda, por eficaces que éstas fueran. Eran *pruebas* lo que algunos cartesianos recalcitrantes exigían y no estaban dispuestos a doblegarse ante otro tipo de razones. Y así, para mayor infortunio de éstos, los newtonianos obtuvieron también las *pruebas* que harían de permitir zanjar la cuestión y relegar al olvido la antaño popularísima *roman de la physique cartésienne* (denominación que, obviamente, había sido acuñada por sus enemigos).

---

5. Voltaire, *Lettres écrites de Londres sur les Anglois et autres sujets* (Londres, 1734), pág. 105.

6. Denis Diderot, *Les bijoux indiscrets* (1748; ed. cast. *Los dijes indiscretos,* Madrid, Ediciones Peralta, 1978), págs. 37-38.

Entre tantas otras divergencias, cartesianos y newtonianos sustentaban hipótesis antagónicas acerca de cuál era la figura de la Tierra. En los *Principios* —y sobre la base de las mediciones efectuadas en 1673 por Jean Richer en Cayena— Newton había afirmado que nuestro planeta tenía la forma de un esferoide achatado por los polos. Los cartesianos franceses, encabezador por Jacques Cassini, director del Observatorio de París, sostenían exactamente lo contrario, por lo que la cuestión devino eje de múltiples discusiones en el seno de la Académie des Sciences de París y no tardó en considerarse la posibilidad —y aun la conveniencia— de llevar a cabo una suerte de *experimento crucial* (aunque en rigor no se tratara de un *experimento,* sino de un programa de observaciones que permitiera contrastar empíricamente ambas hipótesis): bastaría, se pensaba, con medir un grado de meridiano terrestre en el Polo Norte y otro en el Ecuador, comparando luego los resultados. Y Luis XV, en pleno delirio imperial e imbuído de un indisimulado afán nacionalista, accedió a financiar sendas expediciones a Laponia y Perú con tal propósito. La expedición a Perú, dirigida por Bouguer y La Condamine (a los que se unieron, como representantes del rey de España —ya que el virreinato del Perú era dominio suyo—, Jorge Juan y Antonio de Ulloa), partió en 1735, mientras que la expedición a Laponia lo hizo al año siguiente con Maupertuis a la cabeza. Desgraciadamente para los franceses —a quienes la aventura supuso un importantísimo esfuerzo económico—, las mediciones terminaron por dar la razón a Newton y los cartesianos hubieron de rendirse ante la evidencia, con el agravante de haber contribuido a malversar los fondos del Estado.

Ya se sabe, sin embargo, que nadie abandona así como así las teorías científicas en las que ha creído durante largo tiempo. Por ello, Clairaut, niño prodigio que a los diez años ya dominaba el cálculo infinitesimal, que acompañó a Maupertuis a Laponia, y que — como ardiente newtoniano— habría de colaborar con la marquesa du Châtelet en la versión francesa de los *Principios,* se tomó muy en serio la necesidad de ofrecer una prueba adicional en favor del nuevo sistema del mundo. La ocasión se la brindó la predicción de Halley acerca de la reaparición en 1758 del cometa que lleva su nombre: Clairaut se tomó la nada pequeña molestia de calcular las perturbaciones que debía de haber experimentado a lo largo de su órbita desde su última aparición y predijo el momento exacto en que habría de pasar por su perihelio. Aunque el cometa se adelantó un mes y un día a la fecha fijada por Clairaut, todos convinieron en que su conjetura se había visto corroborada y con ello la teoría newtoniana de los cometas, uno de los principales corolarios del sistema del mundo expuesto en el Libro III de los *Principios.* Por fin, el mundo entero acabó postrándose a los pies del imponente edificio de la ciencia newtoniana.

Pero si el *«estilo newtoniano»* se convirtió en modelo indiscutido del quehacer científico y el nuevo sistema del mundo era, conforme a toda evidencia, *verdadero,* no hay por qué pensar que las cosas quedaran ahí. Antes bien, proliferaron los intentos de hacer extensivo el newtonianismo a diversos ámbitos extracientíficos con el propósito, expreso o tácito, de dignificarlos a a los ojos de sus contemporáneos. Así, Hume se propuso — como apuntara Passmore en los años cincuenta— convertirse en el *Newton de las ciencias morales,* [7] y, al margen de que el éxito le sonriera o no, lo cierto es que su empeño marcó la tónica de numerosas extrapolaciones del pensamiento newtoniano fuera del ámbito de la ciencia. De hecho, fue siguiendo los pasos de Hume como Adam Smith llegaría a introducir una perspectiva abiertamente newtoniana en la economía política (para Sergio Cremaschi, el autor que mejor ha estudiado este aspecto, fue precisamente el enfoque newtoniano de Smith lo que le permitió dotar a la teoría económica de una nueva y más fructífera orientación) [8]. Y, en última instancia, no habrían de ser éstas las empresas más espectaculares, pues hubo incluso a quien se le ocurrió servirse del newtonianismo como guía y principio renovador en metafísica: Immanuel Kant. En su *Unica prueba posible para demostrar la existencia de Dios* (1762) leemos:

> «El auténtico método de la metafísica coincide en el fondo con el que Newton introdujo en la ciencia de la naturaleza y que tan fecundos resultados dio en ella. Este método consiste en investigar mediante experiencias seguras, y en todo caso con ayuda de la geometría, las reglas conforme a las cuales tienen lugar en la naturaleza determinados fenómenos. Aunque no siempre se vean sus primeras causas en los cuerpos, es indudable que actúan con arreglo a estas leyes, y la manera de explicar los complejos fenómenos naturales consiste en hacer ver claramente cómo se adecúan a estas reglas bien establecidas. Lo mismo ocurre en el campo de la metafísica: investigad mediante una experiencia interior segura, es decir, mediante la conciencia patente y directa, aquellos rasgos característicos que son claramente inherentes al concepto de ciertas cualidades generales, y, aunque no conozcáis inmediatamente la esencia total de la cosa, podréis serviros de ellas con toda seguridad para derivar de ahí mucho de lo que forma la esencia de la cosa misma» [9].

¿Quién podría dudar de la fascinación ejercida por la obra de Sir Isaac aún mucho después de que viera la luz?

---

7. John Passmore, *Hume's Intentions* (Cambrigde, Cambrigde University Press, 1952), pág. 43 y *passim.*

8. Sergio Cremaschi, *Il sistema della ricchezza. Economia politica e problema del metodo in Adam Smith* (Milán, Franco Angeli, 1984), *passim.*

9. Citado por Ernst Cassirer, *Kants Leben und Lehre* (Berlín, B. Cassirer, 1918; ed. cast. *Kant, vida y doctrina,* México, Fondo de Cultura Económica, 1948), pág. 88.

Ahora bien, sentada la existencia de un *estilo newtoniano* enormemente fecundo, reconocidas las notables virtudes del sistema del mundo pergeñado en los *Principios* y depurado a lo largo de todo el siglo XVII, e incluso admitidas las posibilidades del newtonianismo fuera de la esfera de las ciencias físicas, aún nos faltaría un elemento clave para comprender las razones de su éxito. Una vez más es Voltaire quien nos proporciona una pista segura en sus *Elementos de la filosofía de Newton,* donde el nuevo sistema es explícitamente ensalzado por su superioridad en el plano *teológico* frente al de su más directo rival, Descartes. Una concepción voluntarista de la divinidad era, a los ojos de Voltaire, mucho más satisfactoria que el Dios racionalista creador de un Universo mecánico del que hablara Descartes. Por decirlo con palabras de P. M. Rattansi,

> «el universo newtoniano era absolutamente contingente y dependía enteramente de la voluntad divina. En cambio, el mundo de Descartes podía fácilmente concebirse como autosuficiente: era «indefinidamente» extenso y completamente material, no existiendo peligro de colapso dado que la cantidad de movimiento se conservaba eternamente. Así pues, la concepción newtoniana hacía mucho más necesario el concurso de un creador, con respecto al cual la dependencia de la materia era absoluta, y de este modo suministraba una mayor protección frente al panteísmo y el materialismo» [10].

Para Voltaire, firmemente convencido siempre de la necesidad de la idea de Dios (*«si Dios no existiera, habría que inventarlo»*, escribiría al duque de Richelieu en 1770 [11]), la filosofía newtoniana constituía una de las mejores armas en ese sentido y desde luego no era cosa de desaprovecharla. Sin embargo, Voltaire tampoco estaba dispuesto a seguir a Newton y a sus discípulos hasta sus útlimas consecuencias, prefiriendo no traspasar el umbral de un frío deísmo. En efecto, la plana mayor del newtonianismo había apostado fuerte en su reivindicación del Dios voluntarista de Abraham e Isaac, sin que —pese a las ironías de Leibniz— parecieran hallar inconveniente alguno en concebirlo atento a la permanente supervisión y revisión de su Universo (aunque, como ya se ha apuntado, Laplace habría de mecanizarlo algún tiempo después, haciendo de nuevo innecesario el concurso de la divinidad para su funcionamiento).

---

10. P. M. Rattansi, «Voltaire and the Enlightenment Image of Newton» (En Hugh Lloyd-Jones, Valerie Pearl y Blair Worden (eds.), *History and Imagination. Essays in Honour of H. R. Trevor-Roper;* Londres, Duckworth, 1982), pág. 224.
11. Citado por Walter Tega, «Il newtonianismo dei *philosophes»,* pág. 407.

Por supuesto, la interpretación volteriana de la filosofía natural de Newton no fue única ni excluyente. No todos sus colegas coincidían en sus apreciaciones: Maupertuis, D'Alembert, Diderot, Buffon o D'Holbach representaban otras tantas lecturas posibles de aquélla. Pero, sin embargo, hay que convenir que Voltaire logró imponer *su* Newton y con ello *vender* un nuevo tipo de racionalismo supuestamente libre de metafísica, fundado en la piedra angular de la experiencia y aparentemente ortodoxo desde el punto de vista teológico. Así, ya en el propio siglo XVIII apareció una infundada —pero hasta hace poco todavía frecuente— visión del *otro Newton* (estudios de cronología bíblica, trabajos sobre las profecías de las Escrituras, investigaciones alquímicas...) como mera consecuencia del famoso colapso metal de Sir Isaac en 1693. Newton era, ante todo, un modelo a imitar y dentro de tales esquemas no cabían tamañas veleidades.

Lo curioso es que la defensa volteriana de la *filosofía experimental* frente al dogmatismo cartesiano, fruto, sin duda, de su abierta anglofilia, había sido ella misma importada de las islas. Dicho de otra forma, la idea de que la *filosofía experimental* constituía un antídoto inmejorable contra la irreligiosidad, el ateísmo y toda clase de fanatismos —sin perder de vista, claro está, sus repercusiones políticas— era ya un lugar común en Inglaterra, donde a través de la influyente *Historia de la Royal Society* (1667), de Thomas Sprat, o de los escritos de Boyle, Hooke y tantos otros gozaba de gran predicamento. Ese y no otro es el punto de partida de la lectura *ideológica* del newtonianismo que los filósofos y hombres de ciencia del siglo XVII no hicieron sino retomar. Será, pues, preciso volver la mirada a Inglaterra —retrotrayéndonos también en el tiempo— para analizar la génesis de lo que se ha dado en llamar *«ideología newtoniana»*.

Margaret C. Jacob, a quien debemos el mejor estudio acerca de la significación social y política de la nueva filosofía, ha caracterizado así el proceso:

> «La contribución más importante de los filósofos naturales de la Restauración —hombres como Wilkins, Boyle y Barrow— fue la articulación de un tipo de filosofía mecánica que requería la participación activa de Dios en las operaciones de la naturaleza. En esta concepción cristianizada de la ciencia el Universo se suponía compuesto de materia y movimiento; la materia poseía una estructura atómica —los átomos colisionaban en el vacío—, pero el movimiento era algo distinto de aquélla, siéndole conferido a los átomos y a sus compuestos por fuerzas externas de carácter espiritual. El orden y la armonía tan evidentes para los filósofos de la Restauración existían únicamente por ser la Providencia quien supervisaba todas y cada una de las operaciones de la naturaleza. Para ello se servía de leyes que expresaban su voluntad y que a la ciencia le

correspondía descubrir y mostrar a fin de explicar al hombre las operaciones de la Providencia en su Creación» [12].

La ciencia así entendida habría de contribuir como ningún otro factor a restañar las graves heridas de la guerra civil, legitimando a la Iglesia y el Estado de la Restauración monárquica, a la vez que excluyendo de un plumazo a radicales, librepensadores, fanáticos y ateos, materialistas, etc. De este modo, pues, el sector latitudinario de la Iglesia anglicana vio en la nueva *filosofía experimental* su mejor aliado para el mantenimiento del orden y la estabilidad social, así como un factor clave para el desarrollo económico y colonial que hábilmente solapaban con la lucha contra el papismo.

Esta orientación ideológica gozaba ya de cierto predicamento antes de la publicación de los *Principios matemáticos de la filosofía natural* en 1687, pero su auténtica difusión únicamente llegaría como consecuencia de la revolución de 1688, momento en que los latitudinarios se convirtirían en el sector hegemónico de la Iglesia en Inglaterra. Estos hallaron su mejor tribuna en las Boyle Lectures (establecidas por éste algunos meses antes de su muerte y cuya singladura se inició en 1692), cursos en los que los principales teólogos newtonianos asumieron desde el comienzo un auténtico protagonismo. Bentley, Harris, Clarke, Whiston o Derham pormovieron desde ellos una feliz alianza entre la filosofía natural newtoniana y el pensamiento religioso y social del latitudinarismo. A decir verdad no parece plausible que —exceptuando a Clarke— los propagandistas eclsiásticos estuvieran en condiciones de comprender cabalmente las contribuciones científicas de Newton, mas lo cierto es que les bastaba con intuir que éstas les podrían suministrar un óptimo fundamento para el orden social que tanto ansiaban y un antídoto eficaz contra las doctrinas de ateos y radicales. Sin embargo, tampoco hay que olvidar que fue su versión la que procuró al newtonianismo su extraordinario éxito popular, la que —en una palabra— le confirió una dimensión social tal vez nunca soñada por el propio Sir Isaac. De nuevo es preciso citar a Margaret Jacob:

«Las Boyle Lectures pronunciadas por los comentaristas de Newton suministraron a sus oyentes y a los subsiguientes lectores la primera clara formulación de lo que se daría en llamar la filosofía natural newtoniana. Junto a las exposiciones más matemáticas y más técnicas de otros newtonianos —como Whiston, Henry Pemberton, Colin Maclaurin y Jean Téophile Desaguliers—, así como a la famosa Cuestión 31 de la *Optica* (1717-1718) del propio Newton, las Boyle Lectures crearon la cos-

12. Margaret C. Jacob, *The Newtonians and the English Revolution 1689-1720* (Ithaca, N. Y., Cornell University Press, 1976), pág. 23.

movisión newtoniana. Sin estas aportaciones los logros científicos de Newton y su filosofía natural hubieran permanecido desconocidos fuera del reducido círculo de sus amistades o tan sólo comprensibles para aquellos pocos científicos que a ambos lados del canal estaban a la altura de su competencia matemática y científica» [13].

Por lo demás, los ecos de las Boyle Lectures no tardaron en llegar al continente a través de sus versiones impresas (las conferencias de Bentley se tradujeron al latín, alemán, francés y holandés; las de Derham, al holandés, sueco y alemán; las de Clarke, al francés). Aunque no todos podían ni querían aceptar a pies juntillas sus enseñanzas —Derham había llegado a afirmar, por ejemplo, que la difusión del protestantismo a través de las campañas comerciales inglesas en China formaba parte del admirable plan de la Providencia, cuya existencia había quedado claramente demostrada por la filosofía newtoniana—, la repercusión de éstas fue muy considerable Así, D'Holbach se refería explícitamente a ellas a la hora de dejar constancia de sus reservas frente a la ideología newtoniana que —a esas alturas nadie lo dudaba— se había superpuesto al puro contenido científico de los *Principios* o de la *Optica.* D'Holbach reprochaba a Newton haber dado cabida en su sistema a una causa supranatural, pues ello significaba de hecho abrir las puertas a la teología y, de resultas, a una ideología del dominio: *«El sublime Newton es sólo un niño cuando abandona la física y la evidencia para perderse en las regiones imaginarias de la teología»,* escribiría D'Holbach [14]. Sin embargo, sabía muy bien que la opción newtoniana no era en absoluto inocua y que en realidad representaba una seria amenaza para el materialismo heredero en una u otra medida de la tradición cartesiana. Así, los enemigos del newtonianismo —que siempre los hubo (baste pensar en Toland, que encabezaría toda una nueva generación de radicales y librepensadores en suelo inglés)— mostraron una clara coincidencia en las razones de su oposición y reconocieron en el legado de Sir Isaac una *opción ideológica* que trascendía su formulación de un riguroso sistema del mundo e incluso su admirable *estilo.* Ellos sabían que si la filosofía natural newtoniana se había hecho acreedora de tan rápida aceptación y popularidad no era sólo por sus méritos intrínsecos, sino también porque servía de soporte a una determinada ideología social. El conflicto se prolongó durante largo tiempo —todavía William Blake veía en Newton el símbolo de un execrable capitalismo tecnológico e imperialista— sin que las opciones variasen sustancialmente: o se estaba con Sir Isaac o se estaba contra él. Por eso

13. Margaret C. Jacob, *The Newtonians and the English Revolution 1689-1720,* págs. 175-176.

14. D'Holbach, *Système de la Nature, Seconde Partie* (Londres, 1770), pág. 141.

Newton es la figura clave, el punto de referencia obligado, de toda la historia intelectual (que no sólo de la ciencia) de los siglos XVIII y XIX, y por eso su importancia trasciende los estrechos límites de la empresa científica para erigirse en el artífice de la mentalidad de toda una época. El *estilo newtoniano* cautivó —justamente— a los hombres de ciencia de la Ilustración, pero fue la *ideología newtoniana* la que hizo del autor de los *Principios* un personaje popular y le convirtión en símbolo de un preciso momento histórico: si Pope pudo escribir en el epitafio de Newton que éste había introducido la luz allí donde únicamente había tinieblas, cuán natural resultaba que el siglo llamado *«de las Luces»* le venerara por encima de cualquier otro mortal.

CIENCIA, PROPAGANDA Y ESPECTÁCULO: EL NACIMIENTO DEL METODO EXPERIMENTAL *

Sobre la Revolución Científica de los siglos XVI y XVII se han vertido ríos de tinta, pero los historiadores siguen sin ponerse de acuerdo a la hora de interpretar tan profunda mutación intelectual. Buscar sus rasgos definitorios se ha convertido en una tarea obsesiva a la que no parece respaldar consenso alguno. Antes bien, son cada vez más los decididos a observar el consejo de Eugenio Garin el el sentido de *«afrontar con valor la naturaleza extremadamente compleja e impura de los orígenes de la ciencia moderna y de su constitución, contemplando en toda su heterogénea variedad los elementos desconcertantes que en ella confluyen* [1]. Tal recomendación, en general sumamente acertada y prudente, lo es aún mucho más cuando de lo que se trata es de abordar el problema de la configuración del método que habría de ser característico de la ciencia moderna y que, de manera un tanto simplista, se suele denominar *método experimental.* Curiosamente aquí si que parecen estar de acuerdo los historiadores: la Revolución Científica constituyó también una revolución metodológica y, en última instancia, es más que probable que aquélla no hubiera podido darse sin el concurso de ésta. Las cosas, sin embargo, no son tan sencillas y a arrojar algunas dudas al respecto dedicaré las páginas siguientes.

---

* Una versión de este texto fue leída, con el título «The Birth of the Experimental Method: An Externalist Approach», en el Boston Colloquium for the Philosophy of Science el 27 de octubre de 1987. Se publica por primera vez en este volumen.

1. Eugenio Garin, «La nuova scienza e il simbolo del libro» *(Rivista Critica di Storia della Filosofia,* vol. XXIX, n.º 3, 1974), pág. 333.

Ya el propio Koyré señaló cómo *«los problemas metodológicos desempeñan un papel importante durante los períodos críticos de la ciencia»* [2], algo que de ser cierto, habría de reflejarse en la época que nos ocupa mejor que en ninguna otra. En efecto, los siglos XVI y XVII se han dado en llamar —con sobrada razón— la *edad del método:* bastaría con reparar en la considerable cantidad de obras dedicadas a la cuestión para convenir la justeza de tal calificativo. Aconzio, Henningsen, Borro, Temple, Gunther, Bacon, Descartes y tantos otros se volcaron sobre el problema metodológico en un claro intento de superar la crisis abierta por el escepticismo renacentista y demostrar que ciertamente era posible conocer la verdad a condición de disponer de un método adecuado. La filosofía natural artistotélica parecía perder enteros por momentos y se imponía la necesidad de buscar una solución de recambio: los científicos setecentistas llegaron así a la conclusión de que el éxito de su investigación dependía básicamente del descubrimiento de un nuevo método científico, un método único y universal que pudiera finalmente guiarles hacia la verdad. Este es indudablemente la convicción que alienta los esfuerzos de los artífices de la Revolución Científica y desde luego la quintaesencia del célebre programa cartesiano y de la no menos famosa *restauración* baconiana [3].

Ahora bien, ¿en qué consistía este nuevo método, si es que realmente lo hubo? Parece que de nuevo es preciso ser humildes y admitir la imposibilidad de ofrecer una imagen nítida y unívoca del mismo. El método científico legado por el siglo XVII está lejos de ser algo monolítico: su adopción no se produjo de manera puntual ni fue obra de ninguna gran figura. No obstante, y aunque son muchos los factores que se resisten a dejarse incorporar en una interpretación que se pretenda coherente, sí parece haber un común denominador en todo el proceso: la gran transformación metodológica del siglo XVII hubo de pasar necesariamente por el rechazo del ideal aristotélico de la explicación científica tal y como viene expuesto en los *Analíticos Posteriores* [4].

El ideal aristotélico era un ideal deductivo en el que las hipótesis, entendidas como conjeturas, no tenían cabida. Frente a él la ciencia moderna habría de introducir un nuevo mecanismo consistente en la for-

---

2. Alexandre Koyré, «Les origines de la science moderne» *(Diogène,* n.º 16, 1956; citado por su edición castellana en *Estudios de historia del pensamiento científico*; Madrid, Siglo XXI, 1977), pág. 52.

3. Sobre el problema del método en los siglos XVI y XVII pueden verse los trabajos clásicos de Neal W. Gilbert, *Renaissance Concepts of Method* (Nueva York, Columbia University Pres, 1960) y Angelo Crescini, *Il problema metodologico alle origini della scienza moderna* (Roma Edizioni dell'Ateneo, 1972).

4. Véanse Ernan McMullin, «Medieval and Modern Science: Continuity or Discontinuity?» *[International Philosophical Quarterly,* vol. V, n.º 1, (1965)], y «Empiricism and the Scientific Revolution» [en C. Singleton (ed.), *Art, Science and History in the Renaissance;* Baltimore, The Johns Hopkins University Press, 1968].

mulación de hipótesis puramente tentativas y la predicción de consecuencias observables que han de ser debidamente contrastadas (muchas veces con ayuda de las matemáticas, absolutamente extrañas al cualitativismo de la ciencia aristotélica). En términos más modernos, y quizás algo anacrónicos, cabría decir que el elemento fundamental del nuevo método, su gran novedad, consistió en la adopción del *requisito de falsabilidad* allí donde antes sólo tenían cabida las demostraciones necesarias [5]. Lo que está, pues, en juego es el papel de la experiencia en el marco de la explicación científica. En efecto, el problema radica en determinar cómo se articulan el experimento y la teoría en este nuevo método y no —como a veces se suele decir— en si se daba o no un recurso a la experiencia ya antes de la Revolución Científica (cosa, por otra parte, obvia incluso en el marco de la filosofía natural aristotélica).

Ahora bien, la ciencia aristotélica se caracterizaba por estudiar los fenómenos en su contexto o situación natural, jamás en una circunstancia artificialmente provocada: en una palabra, era una ciencia *observacional* y no *experimental.* La razón era sencilla: para Aristóteles el orden natural estaba perfectamente jerarquizado y regido por un *telos,* de manera que cualquier operación que no se ajustara a este patrón normal nada podría decirnos sobre la constitución o finalidad de la naturaleza; a lo sumo nos informará acerca de cómo reacciona ésta en circunstacias inusuales, mas nunca nos revelará nada de su forma. En el marco de la filosofía natural aristotélica únicamente tiene sentido, pues, la observación de los fenómenos tal y como espontáneamente se dan en el mundo físico. La posibilidad de experimentar —no ya de observar— ni siquiera se concibe, dado que no podría reportar utilidad alguna al investigador. Todo experimento supone una constricción del orden natural y esto carecía de sentido en el marco de una cosmovisión ordenada y teleológica.

Así, pues, aunque la ciencia moderna subrayó el papel de la experimentación y delimitó de manera más satisfactoria su *estatus,* este rasgo —lamentablemente— no basta por sí sólo para caracterizarla por contraposición a la ciencia clásica. Herón de Alejandría e Ibn al-Hayṯam, por citar sólo dos casos, fueron notables experimentadores que nada tenían que envidiar de los más dotados de sus colegas del siglo XVII. Esta simple constatación debería servir para poner de relieve cómo, lejos de fáciles recetas y de visiones maniqueas, el nacimiento del método experimental se nos revela como un complejo proceso en el que la novedad no reside tanto en la adopción de una perspectiva empirista más o menos sistemática como en una nueva articulación de teoría y experimento en el marco de un esquema que hemos bautizado

5. Mary B. Hesse, *Forces and Fields, The Concept of Action at a Distance in the History of Physics* (Londres, Thomas Nelson and Sons, 1961), pág. 99.

como hipotético-deductivo. En este contexto, y al socaire de las singulares implicaciones epistemológicas de este método, se asistirá a la aparición de un tipo peculiar de experimento, a saber, el *experimento crucial.* Hoy todos sabemos que, por razones muy diversas, tales experimentos no existen, que no hay experimentos que sean verdaderamente cruciales o decisivos, mas ésta no era la forma como veían las cosas los hombres de ciencia del siglo XVII.

El primero en hablar de experimentos cruciales fue, como es bien sabido, Francis Bacon, quien los introduce en la decimocuarta de las instancias prerrogativas del *Novum Organum «tomando el vocablo de las cruces erigidas en las encrucijadas de los caminos para indicar y señalar la bifurcación»* [6]. Curiosamente, sin embargo, Bacon no hace especial hincapié en este método —uno más de cuantos podrían permitirnos avanzar en nuestro conocimiento de la naturaleza por lo que no deja de resultar llamativa su extraordinaria popularidad entre los filósofos naturales de la segunda mitad del siglo XVII: Descartes hará referencia a los experimentos cruciales en su controversia con Harvey a propósito de la circulación de la sangre; Boyle, en sus trabajos sobre pneumática; Newton, en sus escritos sobre óptica (entre ellos el famosísimo experimento del prisma); etc. Parece conveniente, pues, preguntarnos por las razones de este innegable éxito de los experimentos cruciales, mucho más allá de lo que esperara su propio promotor, en la seguridad de que tal pesquisa nos proporcionará algunas claves para comprender cabalmente el sentido y el alcance de esa revolución metodológica que acompañó a la Revolución Científica del siglo XVII.

El rasgo principal de los experimentos cruciales —conforme a la presentación de Bacon— es su capacidad para decidir entre hipótesis alternativas que aspiren a dar cuenta de un mismo fenómeno natural. Se sobreentiende, por tanto, que sólo una de las explicaciones en liza puede ser verdadera y que la elección ha de llevarse a cabo sobre la base del recurso a la experiencia. La naturaleza deviene así la última autoridad en cuestiones científicas, ocupando el lugar que hasta entonces correspondiera a la tradición filosófica o a la propia palabra divina. Lo que ocurre es que esta nueva fuente de autoridad es más *débil* que las que le antecedieron, es decir, la perspectiva epistemológica adoptada por los científicos del siglo XVII convierte al conocimiento natural en algo puramente conjetural o hipotético, dejando ya de considerarlo como *episteme* (esto es, conocimiento no sólo verdadero, sino también necesario) [7]. El contexto en el que esta importante transformación tie-

6. Francis Bacon, *La gran restauración* (Madrid, Alianza Editorial, 1985; edición de Miguel A. Granada), pág. 274.

7. Marta Fehér, «The Rise and Fall of Crucial Experiments» *(Doxa. Filozófiai Mühely,* n.º 6 (1985)], *passim.*

ne lugar es —recordémoslo— el de la profunda crisis intelectual desencadenada en toda Europa a raíz de la Reforma protestante. Popkin ha estudiado magníficamente este momento histórico y ha detallado adecuadamente las distintas fases del proceso de pérdida de certidumbre en el ámbito de la teología, primero, y en cuestiones filosóficas y científicas, después [8]. El clima de escepticismo resultante encontraría —¡cómo no!— su correlato en el ámbito de la investigación natural en términos de lo que podríamos llamar *falibilismo*.

En efecto, así como católicos y protestantes coincidían en algunos dogmas fundamentales, para de inmediato surgir notables diferencias entre unos y otros, los científicos —aun en el supuesto de que estuvieran de acuerdo en los principios (lo que no era demasiado frecuente)— podían disentir radicalmente a la hora de explicar los mismos fenómenos. Descartes supo expresarlo con toda claridad en la sexta parte del *Discurso del método*: *«Es preciso que reconozca que el poder de la naturaleza es tan amplio y tan vasto y que tales principios son tan simples y generales, que no existe efecto alguno particular que inicialmente no conozca que pueda ser explicado de diversas formas, radicando, pues, mi mayor dificultad de ordinario en identificar en qué forma concreta depende de estos principios. No conozco otra solución para este problema que el construir oportunamente algunas experiencias tales que su resultado no sea el mismo si se debe explicar en una u otra de las formas posibles»* [9]. Sólo la experiencia puede ayudarnos a elegir entre diversas explicaciones de efectos particulares, pues los principios comunes —aquéllos de la filosofía mecáncia— no nos permiten determinar *a priori* cuál de éstas es la verdadera. La filosofía mecánica, sin duda el gran marco conceptual de toda la ciencia de la segunda mitad del siglo XVII y buena parte del XVIII, simplemente podía servir como criterio de aceptación de cuantas hipótesis pudieran proponerse (relegando, por ejemplo, al limbo de lo no-científico a todo tipo de explicaciones animistas, del género de las que habían estado tan en boga durante el Renacimiento). Escoger entre una u otra hipótesis mecánica de menor rango de generalidad era una tarea mucho más ardua —como Descartes bien sabía— y en ella sólo la experiencia podría servir de ayuda. Ahí es donde los experimentos cruciales entran en juego y devienen con el tiempo un elemento central de la filosofía de la ciencia setecentista: sólo ellos —el tipo más sofisticado de experimento (es decir, de

---

8. Véase Richard H. Popkin, *The History of Scepticism from Erasmus to Descartes* (Assen, Van Gorcum, 1960), así como la edición revisada y ampliada de esa misma obra, *The History of Scepticism from Erasmus to Spinoza* (Berkeley, The University of California Press, 1979; edición castellana en México, Fondo de Cultura Económica, 1983).

9. René Descartes, *Discurso del método* (Madrid, Ediciones Alfaguara, 1981; edición de Guillermo Quintás), págs. 46-47.

interrogación metódica a la naturaleza en condiciones artificialmente controladas)— permiten al investigador optar por una hipótesis en detrimento de otras, si bien no porque esté seguro de su verdad, sino tan sólo seguro de la falsedad de las otras. El conocimiento así obtenido es, pues, meramente tentativo y únicamente le corresponde lo que Descartes denomina *certeza moral,* que, aunque suficiente para los menesteres de la empresa científica, desde el punto de vista epistemológico es claramente distinta de la *certeza demostrativa* de las matemáticas y, en ese sentido, también más *débil* [10].

Ahora bien, existe una segunda razón de este desplazamiento hacia lo conjetural en la filosofía de la ciencia del siglo XVII: si por una parte los científicos han debido renunciar a la genuina verdad apodíctica obtenida por vía demostrativa, poniéndose en manos de la naturaleza a través de la contrastación empírica de sus conjeturas, por otra es el propio objeto de la investigación el que determina esta *pérdida de certeza.* Como Ernan McMullin y, más recientemente, Marta Fehér han subrayado, quizás el rasgo más característico de la ciencia del siglo XVII sea su acercamiento al *reino de lo invisible* [11]. Y no me refiero tanto a los trabajos que Hooke, Malpighi y Van Leeuwenhoek comienzan a realizar con ayuda del microscopio como a la extraordinaria difusión de una teoría —la filosofía mecánica— que postulaba la necesidad de explicar cualquier clase de fenómenos en términos del movimiento de unas partículas que, por definición, eran *inobservables,* es decir, escapaban a nuestra experiencia. Si, como decía Galileo, buscar las causas de los fenómenos celestes era particularmente difícil por la lejanía del objeto a investigar y la imposibilidad de controlarlo artificialmente, mucho más lo habría de ser ahora que se acepta que la causa de cualquier fenómeno escapa a nuestras facultades sensoriales y tan sólo podemos acceder a ella indirectamente (en concreto, por eliminación de todas aquellas explicaciones que no resistan la contrastación empírica). De ahí que la *metáfora del reloj* presentada por Descartes en los *Principios de la filosofía* (IV, 204) alcance tan asombrosa popularidad en el siglo XVII, incluso —como ha demostrado Larry Laudan— en suelo inglés, donde supuestamente Descartes contaba con menos adeptos [12]. El texto reza así:

10. Sobre la filosofía de la ciencia de Descartes pueden verse Alan Gewirtz, «Experience and the Non-Mathematical in the Cartesian Method» *(Journal of the History of Ideas,* vol. 11, n.º 1 (1941), James Collins, *Descartes' Philosophy of Nature (American Philosophical Quarterly,* Monograph Series n.º 5; Oxford, Blackwell, 1971) y Desmond M. Clarke, *Descartes' Philosophy of Science* (Manchester, Manchester University Press, 1982; edición castellana en Madrid, Alianza Editorial, 1986).

11. Ernan McMullin, *Matter and Activity in Newton* [Notre Dame (Ind.), The University of Notre Dame Press, 1977], pág. 15, y Marta Fehér, «The Rise and Fall of Crucial Experiments», pág. 78.

12. Laurens Laudan, «The Clock Metaphor and Probabilism: The Impact of Descartes on English Methodological Thought, 1650-1665» *[Annals of Science,* vol. XXII, n.º 2

«Y aunque acaso se comprenda de qué modo han podido formarse las cosas naturales no ha de concluirse, sin embargo, por esto que efectivamente hayan sido de tal manera producidas. Pues así como un mismo artífice puede fabricar dos relojes que por más que indiquen igualmente bien las horas, siendo por fuera exactamente iguales, consten por dentro de una muy diferente disposición de sus ruedas, de la misma manera es indudable que el Supremo Hacedor de las cosas pudo producir todas las que vemos de innumerables modos, sin que sea accesible a la inteligencia humana saber cuál de todas ellas ha querido efectivamente emplear.» [13] Esto es, podemos saber qué dispositivos no podrían en ningún caso producir el funcionamiento de los relojes que nos es dado observar, mas siempre subsistirá un razonable margen de duda en lo referente a cuál de todos los que sí podrían hacerlo es el que realmente ha utilizado el relojero. Así, la metáfora del reloj se convierte en la bandera de todos los hipotético-deductivistas del siglo XVII, privilegiando los experimentos cruciales sobre cualquier otro tipo de interrogación a la naturaleza y, de hecho, es fácil comprender las razones de esta hegemonía: con ellos emergía un nuevo criterio de evaluación de teorías alternativas, a saber, el criterio de falsabilidad (asociado, obviamente, a la potenciación del carácter predictivo de las hipótesis científicas, pues la elección siempre habría de hacerse sobre la base de los efectos observables que de ellas se derivasen). De este modo, y por decirlo con palabras de Marta Fehér, *«frente a los viejos criterios de evaluación —a saber, inteligibilidad (compatibilidad con la experiencia ordinaria obtenida en circunstancias normales) y compatibilidad con los principios metafísicos (teológicos) hegemónicos—, el nuevo criterio introdujo factores mucho más dinámicos en el seno de la empresa científica (por contraste con el carácter más estático de los otros), fomentando las nuevas predicciones y los experimentos de sofisticado diseño, así como la conveniencia de sugerir constantemente nuevas hipótesis. Como consecuencia de ello, la proliferación de teorías dejó de sentirse como un motivo de inquietud para convertirse en el más potente motor de la ciencia.»* [14]

La adopción del requisito de falsabilidad permitió, pues, que el método hipotético-deductivo prosiguiera airosamente su singladura y se convirtiera a los ojos de todos en el método de la ciencia moderna. Ahora bien, cuanto hasta aquí se ha dicho no debería producir la impresión

---

(1966)]; véanse también G. A. J. Rogers, «Descartes and the Method of English Sciencia» *Annals of Science,* [vol. XXIX, n.º 3 (1972)] y Arrigo Pacchi, *Cartesio in Inghilterra* (Bari, Laterza, 1973).

13. René Descartes, *Los principios de la filosofía* (Madrid, Editorial Reus, 1925; edición de Juliana Izquierdo), págs. 409-410.

14. Marta Fehér, «The Rise and Fall of Crucial Experiments», págs. 85-86.

de que el proceso de constitución del moderno método experimental (i. e., hipotético-deductivo) y los debates suscitados en torno al mismo se desenvolvieran en un plano estrictamente epistemológico. Steven Shapin y Simon Schaffer han puesto de relieve el enorme alcance sociopolítico de tales controversias [15]. La nueva comunidad científica no había hecho sino dar sus primeros pasos y el programa de la filosofía distaba mucho de contar con un marco institucional adecuado y, sobre todo, seguro. Durante el último tercio de siglo XVII los ataques a la ciencia son más intensos que nunca y en ese sentido la batalla por el método experimental es a todas luces una lucha de poder. La comunidad de filósofos experimentales debía demostrar que su actividad era útil, que no atentaba contra ninguna tradición o institución bien establecida (la religión, la monarquía, etc.) y que, lejos de fomentar las interminables y un tanto estériles disputas de los viejos filósofos naturales, buscaba el consenso y la cooperación fundados en la autoridad incuestionable de los *hechos*. Esas eran las reglas del juego y quienquiera que deseara participar en la empresa científica debía acatarlas. Se imponía la necesidad de un criterio *social* de demarcación entre lo que se aceptaba como ciencia y lo que no, pues de lo contrario intrusos indeseados podrían poner en peligro la labor constructiva en pos de la credibilidad y la respetabilidad de la filosofía experimental, confiriendo a la empresa científica unos tintes subversivos que nadie deseaba y con los que nadie se identificaba. De este modo se llevó a cabo una auténtica *política de exclusión* —en la que el componente institucional y aun gremial desempeñó un papel importante a raíz de la constitución de las primeras sociedades científicas modernas— y a resultas de la cual vitalistas, dogmáticos y toda suerte de radicales se vieron marginados de la comunidad científica emergente. Durante la segunda mitad del siglo XVII, en Inglaterra, los filósofos naturales, desdoblados ahora en filósofos *experimentales,* tendieron a constituirse como un grupo de *gentlemen* comprometidos desinteresadamente en la investigación, por encima de todo sectarismo y de toda veleidad ideológica, siendo la univocidad del testimonio brindado por la propia naturaleza la que hacía posible tal consenso. Esa era al menos la imagen que de sí mismos querían dar. Era, pues, el tiempo de la propaganda.

Para empezar, el trabajo en el seno de esta nueva comunidad científica —la de los filósofos experimentales— debía tener un carácter *co-*

15. Steven Shapin, «Pump and Circumstance: Robert Boyle's Literary Technology» [*Social Studies of Science,* vol. XVI, n.º 4 (1984)]; Simon Schaffer, «Making Certain» [*Social Studies of Science,* vol. XIV, n.º 2 (1984)] y «Natural Philosophy and Public Spectacle in the Eighteenh Century» [*History of Science,* vol. XXI (1983)]; Steven Shapin y Simon Schaffer, *Leviathan and the Air-Pump: Hobbes, Boyle and the Experimental Life* [Princeton (N. J.), Princeton University Press, 1985].

lectivo y *público*. Tanto Bacon como Descartes habían subrayado la necesidad de una cooperación efectiva en la investigación natural. Para ello eran sin duda precisos unos objetivos y unos criterios comunes. La Casa de Salomón de la *Nueva Atlántida* baconiana era el modelo más detallado de trabajo colectivo en pos del conocimiento científico, pero sin embargo —y en contra de las manifestaciones verbales de muchos filósofos experimentales de la época— tal modelo no fue de hecho imitado. La concepción baconiana del proceso de adquisición del conocimiento como un proceso cuasi-automático se reveló de inmediato bastante ingenua y las nuevas sociedades científicas rara vez lograron coordinar los esfuerzos de sus miembros y, menos aún, diseñar programas de investigación comunes (la Academia de Ciencias de París, dado su carácter estatal y el carácter funcionarial de sus miembros, podría ser en algún sentido la excepción). Ni que decir tiene que este espíritu de colaboración requería una férrea disciplina: de nuevo el acatamiento de las reglas de juego de la comunidad se revela como un criterio *social* de admisión a la misma. Así, aquellos individualistas que no aceptaran las convenciones de la investigación experimental o los filósofos dogmáticos que ni siquiera estuvieran de acuerdo en la superioridad de ésta sobre la filosofía especulativa debían ser automáticamente excluidos. Y también habrían de serlo cuantos creyeran que podían seguir trabajando por su cuenta y riesgo, en la privacidad de su laboratorio, puesto que —aun en el caso improbable de que observaran las reglas del nuevo método experimental— la investigación científica no podía concebirse ya sino como una tarea a desempeñar públicamente.

El carácter público de la experimentación hacía referencia tanto a la presencia de testigos directos como a la posibilidad de su repetición por parte de otros investigadores en lugares y momentos diversos. Que el fundamento del conocimiento natural debía de ser de naturaleza empírica estaba fuera de toda duda, pero lo que todavía era preciso subrayar era que —al igual que en la esfera jurídica— la credibilidad de los testimonios dependía de su multiplicidad y, en ese sentido, resultaba más que conveniente que los experimentos vinieran avalados por testigos oculares. Ahí se dan nuevamente la mano los requisitos de cooperación y publicidad, pues un experimento del que sólo existiera un testimonio no podría ser aceptado como válido y no se entendería que hubiese establecido ningún hecho. La analogía legal no es gratuita, sino que los propios propagandistas de la filosofía experimental (Sprat, Glanvill, etc.) recurrieron a ella con frecuencia: la multiplicación del número de testigos no respondía (o, al menos, no *sólo*) a una voluntad histriônica, sino que era una garantía fundamental de la veracidad de lo relatado. Así, no es anecdótico el hecho de que Pascal llevara a cabo los experimentos de Rouen en presencia de todos los notables de la ciudad ni que en su *Relación del gran experimento del equilibrio de los líquidos* realizado en el Puy-de-Dôme especificara detalladamente el nombre y condición de cuantos asistieran al mismo. Menos aún lo es que Hooke —en su calidad de *Curator of Experiments* de Royal Society— preparara un memorandum sobre el modo de llevar a cabo los experimentos en el seno de dicha institución en el que claramente especificaba la necesidad de que el informe viniera firmado por algunos de los presentes durante su ejecución. Naturalmente el testimonio de aristócratas y nobles se consideraba más fidedigno que el de espectadores de una clase social menos distinguida: de ahí que siempre se recabara el concurso de éstos, quienes de esta forma —siquiera como meros signatarios— podían pasar por *virtuosi* y sentirse artífices de la nueva ciencia (si, además se les permitía mirar por el microscopio o accionar la manivela de una bomba pneumática, mejor que mejor). Atrás quedaban los tiempos en los que Descartes escribiera a Huygens: *«Tengo poca confianza en los experimentos que no he realizado yo mismo»*[16]. Ahora existía una garantía social que permitía a los filósofos naturales tener una mayor confianza en lo que otros decían haber hecho y de este modo el diálogo podía entablarse sin tantas ni tan profundas sospechas como antaño. Los enemigos de la ciencia experimental sabían muy bien que ésta era la auténtica columna vertebral de la nueva comunidad y así Hobbes —rizando el rizo, sin duda— criticó a la Royal Society por el hecho de que sus experimentos no fueran realmente públicos, puesto que se llevaban a cabo en sesiones a las que sólo tenían acceso los miembros de la misma.

Pero eso no es todo. Los filósofos experimentales hubieron también de desplegar toda su retórica para promover lo que Shapin ha denominado *testimonio virtual*[17] y que está indisolublemente ligado al requisito, antes mencionado, de la posibilidad de repetir los experimentos en cualquier momento y lugar. Por *testimonio virtual* ha de entenderse la estrategia tendente a producir en el lector una imagen tan vívida del experimento que obvie la necesidad de un testimonio directo e incluso, llegado el caso, la necesidad de su repetición. Esto tiene mucha más importancia de lo que a primera vista pudiera parecer, puesto que en algunos casos la reproducción del experimento resultaba harto problemática por razones estrictamente coyunturales. Pensemos, por ejemplo, en la bomba pneumática de Boyle y en los numerosos y ciertamente importantes experimentos llevados a cabo con ella. Las bombas pneumáticas escaseaban hasta el punto de no haber probablemente más de seis o siete en toda Europa durante la década de su invención (años sesenta). La razón de tal precariedad era claramente de índole eco-

---

16. René Descartes, *Correspondence* (Paris, F. Alcan, 1936-1963; edición de Ch. Adam y G. Milhaud), vol. V, pág. 257.
17. Steven Shapin, «Pump and Circumstance», págs. 490-491.

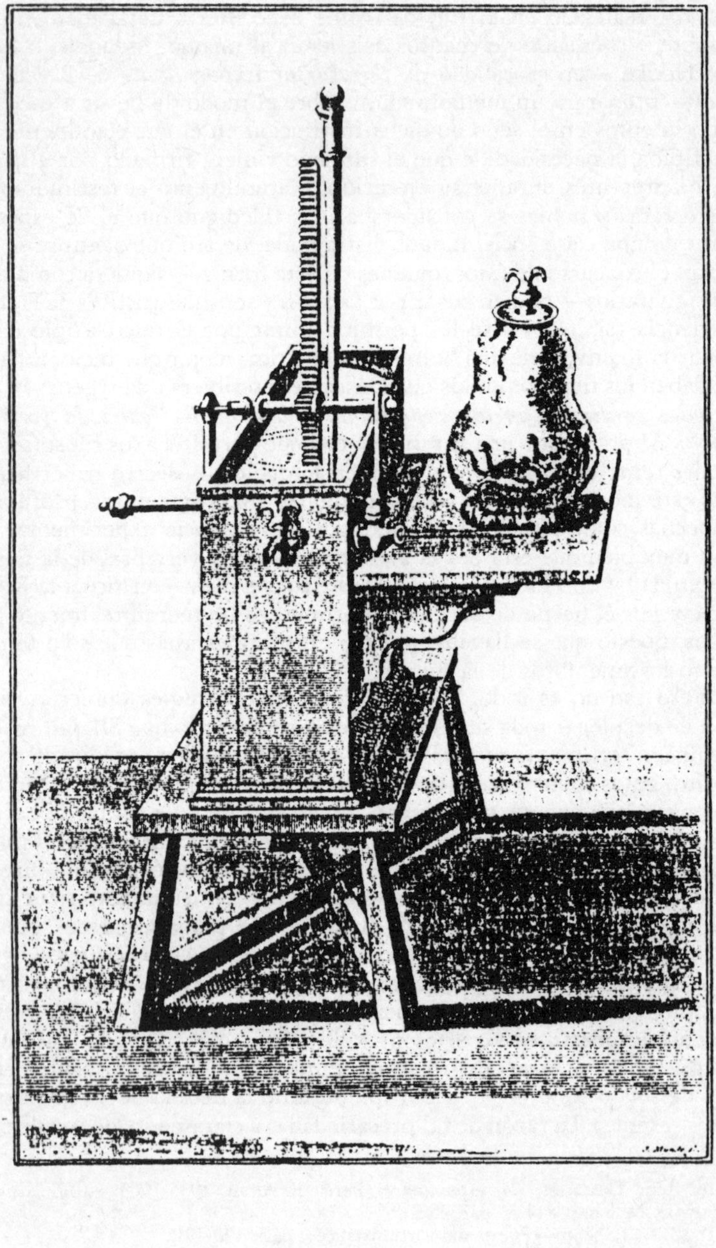

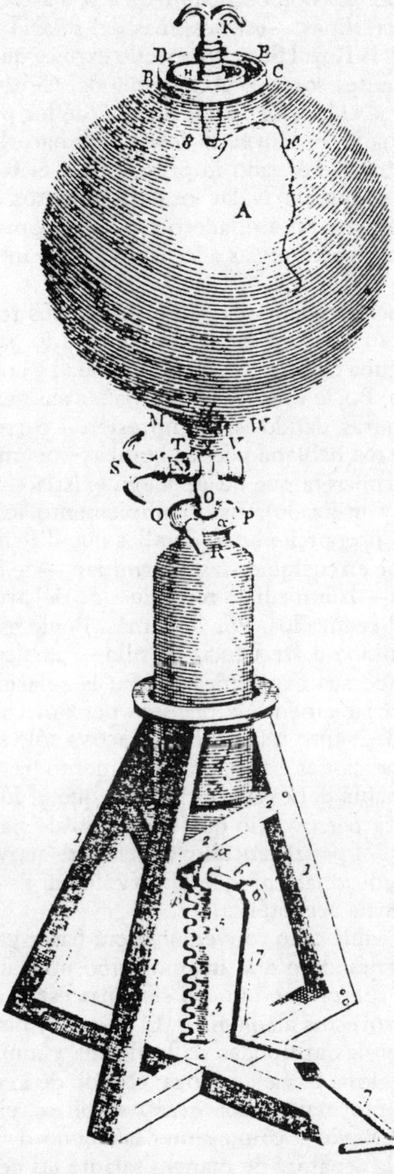

Figs. 25 y 26. Los dos primeros modelos de bombas pneumáticas de Boyle. Ilustraciones de *New Experiments, Physico-Mechanical, tovching the Spring and Weight of the Air* (1660).

nómica: el coste de una bomba pneumática se ha estimado en no menos de 25 libras esterlinas —esto es, más del salario anual del *Curator of Experiments* de la Royal Society— y ello explica que sociedades científicas menos boyantes como la Accademia del Cimento florentina no pudieran permitirse el lujo de construir una (de los particulares, mejor ni hablar: el hermano de Huygens desistió de hacerlo asustado por el coste). Así, pues, de haber sido imprescindible el testimonio directo, muy pocos hubieran podido avalar los experimentos de Boyle: era preciso buscar una salida a tal atolladero y fue el propio Boyle quien habría de desarrollar las estrategias adecuadas (luego imitadas hasta la saciedad).

Boyle era consciente de la necesidad de que sus relaciones de experimentos parecieran *prima facie* dignas de crédito: sus lectores no debían albergar ninguna duda acerca de la veracidad y la exactitud de cuanto leían. Para ello, Boyle optó por acompañar sus textos con numerosas y detalladas figuras, dando así la impresión —correcta, por otra parte— de que no estaba hablando de las bombas pneumáticas en general, sino de una muy concreta que desde luego existía (i. e., que él mismo había construido y utilizado). Este complemento iconográfico añadía realismo al texto, proporcionando detalles que difícilmente cabría haber inventado y que en cualquier caso permitían —de no concurrir otros factores negativos— la inmediata reproducción del artilugio y de los experimentos con él realizados. Por lo demás, Boyle es —y él mismo lo sabe, pues se excusa con frecuencia de ello— particularmente prolijo en la descripción de sus experimentos. En la relación de los mismos Boyle emplea invariablemente la primera persona con objeto de acentuar la veracidad de cuanto refiere: la voz activa sólo se torna en pasiva al estipular las condiciones en que el experimento ha de llevarse a cabo; después, cuando habla del caso concreto en que él lo hiciera, vuelve a escribir en primera persona (lo que, dicho sea de paso, refuerza también la impresión del papel central y claramente activo del experimentador frente al tradicional enfoque observacional —y, en ese sentido, pasivo— de la ciencia aristotélica).

Además Boyle sabía cuán conveniente era hacer gala de una evidente *modestia,* presentándose a sí mismo como un humilde experimentador en absoluto comprometido con sistemas especulativos ni, menos aún, inmerso en conflictos ideológicos. El austero y funcional estilo boyleano se situaba en las antípodas de la florida y ampulosa retórica de los filósofos naturales a la vieja usanza: cuando de lo que se trataba era sencillamente de informar de una *hecho* empírico, emplear tal verborrea sería —según Boyle— como pintar las lentes de un telescopio. En consecuencia, Boyle separará de manera tajante las descripciones experimentales y las consideraciones sobre las mismas —*su* interpretación—, dejando claro que se trata de dos momentos distintos del trabajo científico y reconociendo sin ambajes el carácter meramente probable de estas conjeturas frente al carácter incontrovertible de los *hechos*. Aun así Boyle insiste hasta la saciedad en su vocación experimental y en su desinterés por cualesquiera sistemas filosóficos en boga. Hoy sabemos que tan baconiana profesión de fe no se ajusta en absoluto a la realidad y que la filosofía mecánica era para Boyle un marco teórico incuestionable que no sólo servía como criterio de aceptación de las hipótesis científicas, sino que guiaba sus investigaciones en una línea que nada debía a las directrices de Lord Verulam. Pero Boyle, una vez más, se veía obligado a moverse en el terreno de la propaganda: en un momento en el que la nueva comunidad luchaba por su credibilidad pública y deseaba ofrecer a toda costa una imagen de armonioso consenso, reconocer la existencia de *sectas* en la filosofía experimental hubiese sido más que imprudente. Su tarea consistía únicamente en establecer *hechos* por medio de procedimientos empíricos y sólo eran admisibles discusiones sobre esos *hechos:* los argumentos *ad hominem* estaban fuera de lugar y las controversias doctrinales eran, desde luego, de todo punto improcedentes.

Una vez desplegado todo este arsenal retórico y propagandístico tendente a demostrar la veracidad de todo lo referido, sólo le quedaba a Boyle dar alguna muestra concreta y fehaciente de su objetividad y de su honradez (pues, como es bien sabido, no basta con ser honrado, sino que también hay que parecerlo). Para ello, se sirvió —muy inteligentemente, por cierto— de la relación de experimentos *fallidos*. Así, no oculta al lector que muchas veces las bombas pneumáticas por él fabricadas tenían escapes o no funcionaban adecuadamente, de manera que los experimentos no podían llevarse a cabo conforme al diseño previo y conducían a resultados indeseados. Con este expediente retórico Boyle buscaba convencer al lector de su honradez, de que no le escamoteaba ninguna carta, de que no ocultaba los fracasos que inevitablemente han de producirse en toda investigación experimental. Y de paso trataba de reconfortar a cuantos neófitos se lanzaban por el camino de la filosofía experimental —con más fracasos que éxitos hasta haber adquirido la pericia necesaria—, haciéndoles ver que ésta era la cruz de la moneda pero, en cualquier caso, una parte integrante de su trabajo: gajes del oficio, en una palabra.

El *estilo* boyleano fue, como antes apunté, imitado hasta la saciedad por sus coetáneos y acabó convirtiéndose en el *estilo* oficial de la Royal Society, la más importante e influyente de las sociedades científicas de la época, de la que Boyle era uno de sus miembros más destacados. Este arquetipo de relación experimental fue seguido a pies juntillas por la práctica mayoría de sus colegas en su deseo de alcanzar los mismos objetivos que persiguiera Boyle. Desde ese punto de vista acaso tiene razón Peter Dear cuando afirma que el *estilo* científico de los *fellows* de la Royal Society tuvo mayor trascendencia que el contenido mismo de sus trabajos, al proporcionar a la pujante comunidad de filósofos experimentales unas señas de identidad propias y un elemento de cohesión que pasaba por la asunción de un espíritu de cooperación en las tareas científicas [18]. Estos rasgos definitorios, aunque voluntariamente aceptados en la mayor parte de los casos, impusieron no obstante, una suerte de disciplina a los propios miembros de la comunidad, quienes —como antes apunté— se vieron obligados a respetar las reglas del juego cualesquiera que fuesen sus puntos de vista (so pena de verse tácita e incluso abiertamente exluidos de la misma). La famosa carta enviada por Newton a la Royal Society en febrero de 1672, en la que exponía su nueva teoría sobre la luz y los colores y en la que describía el celebérrimo experimento del prisma, constituye un caso paradigmático de sumisión a este *estilo* de hacer ciencia preconizada por Boyle y sus colegas. Lo que la carta contenía era, desde el punto de vista formal, exactamente lo que los *fellows* de la Royal Society esperaban recibir de cualquier filósofo experimental. Newton no llevó a cabo el experimento del prisma en la forma en que lo describe, sino que ésta es —como hoy en día ya nadie duda— una idealización de innumerables experimentos realizados a lo largo de un período de varios años. Sin embargo, siendo la Royal Society la destinataria de su memoria, creyó —con buen criterio— conveniente ajustarse a las que se estaban convirtiendo en indiscutidas reglas del juego de la comunidad de filósofos experimentales, aunque para ello tuviera que componer *a posteriori* una versión más literaria y aun teatral de su experimento. En cambio, en las *lectiones opticae* que paralelamente impartiera en Cambridge, Newton se sintió libre de esta servidumbre y adoptó un enfoque completamente distinto, rigurosamente demostrativo, en donde la conclusión se presentaba como un postulado que a continuación había de ser demostrado. Pero el público universitario era muy disinto del de la Royal Society y, por regla general, no formaba parte de la nueva comunidad científica; consiguientemente, su *método* tampoco era el mismo. Quizás ésta sea una prueba más —una prueba, si se quiere, menor, pero ciertamente significativa— de la extraordinaria perspicacia de Sir Isaac.

Si tuviéramos que evaluar la eficacia de estas tácticas propagandísticas desplegadas por Boyle y sus colegas, forzosamente habríamos de convenir que el éxito les sonrió. La comunidad que encarnaba los ideales de esta nueva filosofía experimental alcanzó en el cambio de siglo un *estatus* lo suficientemente holgado como para, definitivamente, sentirse parte del *establishment*. El arrollador triunfo del newtonianismo

18. Peter Dear, «*Totius in Verba.* Rhetoric and Authority in the Early Royal Society» (*Isis,* vol. LXXVI, n.º 282 (1985)), pág. 159.

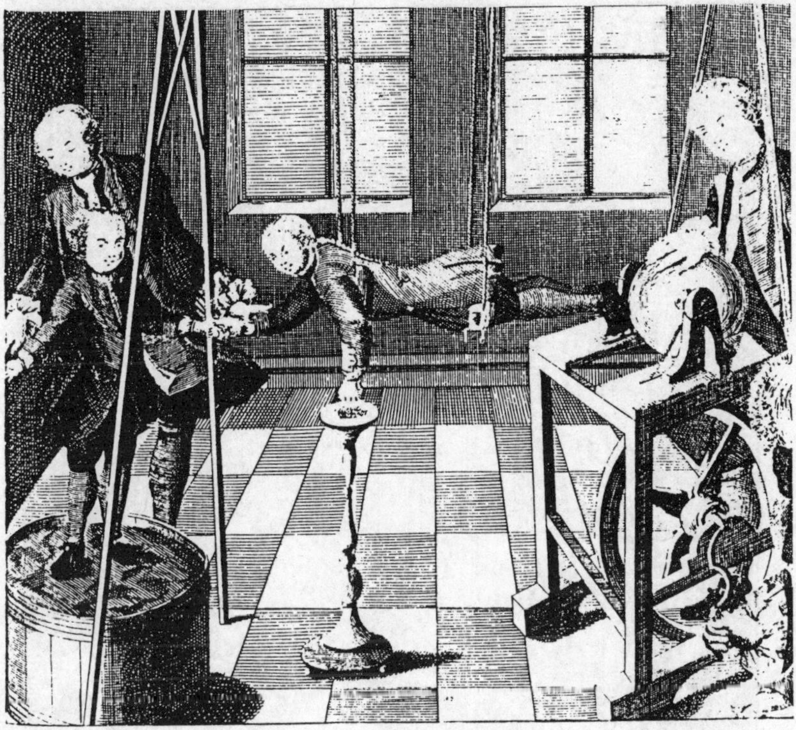

Fig. 27. Experimento de conducción eléctrica según un grabado de 1745.

preparó el terreno para la entronización ilustrada de la Diosa Razón (entendida con frecuencia como Razón Científica, y entendiendo a su vez por ciencia la de Newton y sus seguidores). Sin embargo, no faltaron quienes pensaban que el precio pagado había sido demasiado alto. El carácter público de la ciencia experimental había contribuido a hacer de ésta —con bastante frecuencia— un *espectáculo:* los experimentos pascalianos de Rouen y el Puy-de-Dôme o los llevados a cabo por Von Guericke en Magdeburgo eran verdaderas *performances* que nada tenían que envidiar a las ferias populares. Así, no sólo los nobles y aristócratas que formaban parte de la Royal Society tenían ahora acceso a la ciencia, sino que también el pueblo llano —siquiera como testigo— comenzaba a tener algo que ver con tal actividad. La filosofía natural, trocada en filosofía experimental, había dejado de ser patrimonio exclusivo de una determinada élite (recordemos en este punto el creciente uso de las lenguas vernáculas frente a la tradicional hegemonía del latín) y esto se veía desde ciertos sectores como un atentado contra el

Fig. 28. Experimento de electrización humana realizado por el abate Nollet. Ilustración del *Essai sur l'electricité des corps* (1746) de Jean-Antoine Nollet.

saber establecido y sus garantes. Los newtonianos, tan arrogantes como seguros de sí mismos, llegaron en una ocasión a recabar el testimonio directo de toda la humanidad en *una especie de* experimento crucial (en realidad, se trataba de una simple observación), a saber, la predicción del retorno del cometa Halley, que habría de corroborar la bondad de la teoría de la gravitación universal (de la que no era sino un corolario): cuando en 1758 el cometa reaparece y lo hace exactamente donde y cuando Clairaut esperaba, el mundo entero acabó postrándose a los pies del imponente edificio de la ciencia newtoniana.

Pero no es necesario llevar las cosas tan lejos. Lo que me interesa es sencillamente poner de relieve hasta qué punto esta concepción histriónica de la ciencia —materializada en un sinfín de conferencias y experimentos públicos— pudo llegar a ser uno de los rasgos más característicos del Siglo de las Luces paralelamente al afianzamiento social de la comunidad que la sustentaba. El caso de la electricidad es, con mucho, el más interesante a este respecto, puesto que —para empezar— llegó a verse como la clave para resolver una de las pocas cuestiones para las que Newton no había tenido respuesta, a saber, la causa de la gravedad (el propio Newton, siguiendo una sugerencia de Fatio de Dauiller, había pensado durante bastante tiempo que la explicación podría hallarse en los fenómenos eléctricos). Pero, además, el caso de la electricidad es interesante por su extraordinaria espectacularidad, no exenta de dramatismo e incluso peligro (baste recordar al infortunado Georg Richmann, muerto en San Petersburgo al intentar instalar en el tejado de su laboratorio un pararrayos similar al que Franklin acababa de inventar, pero olvidando —fatalmente— disponer una toma de tierra). La producción de electricidad era, por otra parte, claramente artificial y se veía en ella el más brillante exponente de la capacidad humana para reproducir *poderes* (fuerzas) que hasta entonces se habían tenido por divinas. La *Gentleman's Magazine* describía así en 1745 el éxito de los *electricistas* (que es como ellos mismos se autodenominaban): *«Han descubierto fenómenos tan sorprendentes que han logrado incluso despertar la indolente curiosidad del público, las damas y la gente distinguida, que no se interesan por la filosofía sino cuando ésta obra milagros. La electricidad de ha convertido en el asunto de moda: los príncipes desean ver este nuevo fuego que el hombre ha sido capaz de producir por sí mismo»* [19].

Así las cosas, no es de extrañar que la electricidad se convirtiera en un auténtico negocio. De hecho, la primera vez que Franklin oyó hablar de este fenómeno fue en Boston, ciudad en la que un tal Spece lle-

---

19. «An Historical Account of the Wonderful Discoveries made in Germany Concerning Electricity» *[Gentleman's Magazine,* XV(1745)]. Citado por Simon Schaffer, «Natural Philosophy and Public Spectacle», pág. 6.

vaba a cabo alunas exhibiciones públicas. Más tarde, Franklin asumiría gustoso este papel de *entertainer* y organizaría, por ejemplo, un famoso *paseo eléctrico* por el río Schuylkill que describió con estas palabras: *«Los ánimos experimentarán la excitación y el calor de un chispa enviada de una orilla a otra sin más conductor que el agua. Para el almuerzo se matará un pavo mediante una descarga eléctrica y se le asará en una parrilla eléctrica, cuyo fuego será encendido con la botella eléctrica. Y cuando llegue el momento de brindar a la salud de todos los electricistas de Inglaterra, Holanda, Francia y Alemania, llevaremos a nuestros labios copas electrizadas, al son de las descargas del cañón de la botella eléctrica»* [20]. Pero, con todo, el gran *showman* de la época no fue Franklin, sino el abate Nollet, quien al célebre experimento del *beso eléctrico* añadió otros no menos imaginativos: así, se sirvió de la *electricité foudroyante* (la electricidad fulminante) —como él la llamaba— para electrizar a toda una compañía de Guardias Reales (a los que la desgarga hizo saltar al unísono en presencia del propio monarca) o, mejor aún, de monjes cartujos alineados a lo largo de una interminable fila de casi tres kilómetros, que estoicamente aguantaban la descarga en aras del progreso científico. Nollet fue un auténtico profesional del espectáculo científico, que hizo de la experimentación un acontecimiento teatral de primera magnitud.

La vocación experimentalista de la nueva comunidad científica corría, pues, el peligro de quedar absolutamente desvirtuada: su propio atractivo constituía al mismo tiempo su mayor peligro. Priestley, en su *Historia y estado actual de la electricidad,* se revelaba ya perfectamente consciente de este dilema: *¿Qué habrían dicho los filósofos antiguos, qué habría dicho el propio Newton, de haber sido testigo de esta carrera de los electricistas por reproducir a pequeña escala los efectos de tan tremenda fuerza?* [21]. Pero a lo que, en cualquier caso, no logró sustraerse Priestley fue a la tentación de extraer un rendimiento económico a sus invenciones y, al igual que Nollet en Francia, devino un próspero constructor de *máquinas eléctricas*. La electricidad ya no sólo servía para explicar la gravedad o los terremotos, sino que era una de las más afortunadas y lucrativas ramas del *show-business* de la época, siéndolo todavía más cuando Jallavert, Verati, Pivati y el propio Nollet abogaron por el empleo de la electricidad con fines terapéuticos (aspecto éste al que rara vez se presta la atención debida; Heilbron ha demostrado, sin embargo, que un 35 % de los textos sobre electricidad publicados en 1779-1781 versaban sobre esta *medicina eléctrica,* ascendien-

20. Carta a Peter Collinson de 29 de abril de 1749. En *The Writings of Benjamin Franklin*(Nueva York, Macmillan, 1905-1907; edición de Albert Henry Smith), vol. II, págs. 410-411.

21. Citado por Simon Schaffer, «Natural Philosophy and Public Spectacle», pág. 8

Fig. 29. Ilustración científica para las damas. Ilustración de *The Young Gentleman and Lady's Philosophy* (2.ª ed., 1772), de Benjamin Martin.

Fig. 30. Una conferencia pública sobre química. Litografía de Thomas Rowlandson (finales del siglo XVIII).

do la proporción a un 70 % en 1789-1797 [22]. Así pues, con tan espectaculares efectos y tan suculentos intereses económicos de por medio, la experimentación pública devino —al menos en el caso concreto de la electricidad— *demasiado* popular y perdía con frecuencia su rumbo. En 1761 Gamaches se quejaba con toda razón de la moda de reunir en casa a los amigos y electrizarse juntos, añadiendo lacónicamente: *«no veo en ello progreso alguno hacia la determinación de la causa de la electricidad»* [23].

Pero además —y esto era todavía más grave— la electricidad fue pronto utilizada por diversas sectas *entusiastas* y radicales en función de sus propios intereses. La filosofía experimental, tras sus ímprobos esfuerzos por librarse de este yugo, volvía a estar ideológicamente contaminada y a ser blanco de críticas y sospechas. De nuevo urgía arbitrar criterios de demarcación que permitieran excluir de las comunidad a cuantos contravinieran sus reglas: así, William Watson, el principal electricista de la Royal Society durante las décadas de 1740 y 1750, hubo de dedicar sus mejores esfuerzos a discriminar la auténtica filosofía experimental de la charlatanería y el engaño. A medida que se consumía el siglo, la gravedad del problema aumentaba y hasta Kant se sintió motivado para dedicar algunas páginas al rechazo del espectáculo científico que no conducía sino a la ilusión y al fomento de la superstición. La comunidad de filósofos experimentales había buscado en el último tercio del siglo XVII la aprobación de la nobleza y el clero para salvaguardar la tranquilidad de su singladura y, en un acto de arrogancia, había buscado un público cada vez mayor que ponderara sus hallazgos y les halagara con sus cumplidos. Los espectadores asumieron durante algún tiempo este papel de comparsas, pero no tardaron en desear ser ellos mismo protagonistas (en uno u otro sentido) de la representación. Proliferaron entonces los cursos y conferencias populares orientados a satisfacer estas expectativas; los libros y revistas de divulgación eran cada vez más numerosos; incluso las damas pasaron a considerarse por vez primera destinatarias de la filosofía experimental (pensemos en *Il newtonianismo per le donne* de Algarotti el feminismo cartesiano de Poulain de la Barre o el propio fenómeno de las *femmes savantes* que llenaban los salones de la época). La comunidad de filósofos experimentales corría el peligro de perder el control sobre su público y, a resultas de ellos, el *método,* las reglas del juego sobre las que se basaba su cohesión, también se veían amenazados. La reacción no se hizo esperar: a finales del siglo XVIII en la Royal Institution llegó a considerarse subversiva la instrucción científica de las clases menos favorecidas y a quie-

22. John L. Heilbron, *Electricity in the Seventeenth and the Eighteenth Centuries* (Berkeley, The University of California Press, 1979)), pág. 491.
23. Citado pr Simon Schaffer, «Natural Philosophy and Public Spectacle», pág. 11.

Fig. 31. Publicaciones científicas para la clase obrera. Portada del primer número de la *Mechanic's Magazine* (1823).

nes la promovían se les contemplaba como si de activistas políticos se tratara.

Sin embargo, la ciencia experimental terminaría integrándose profundamente en la sociedad de la época y, *«a resultas de ello, a comienzos del siglo XIX el conocimiento científico logró finalmente trascender la reducida élite en la que había madurado»*[24]. Se abría así una nueva etapa en la historia de la ciencia en la que ésta tendería a erigirse en la indiscutible columna vertebral de la moderna sociedad burguesa, desmintiendo así las palabras supuestamente pronunciadas por el Presidente del Tribunal Revolucionario que condenara a Lavoisier a morir en la guillotina: *«La República no tiene necesidad de sabios»*. Todo lo contrario: pocas veces ha estado la leyenda tan alejada de la realidad.

Como se ha venido poniendo de relieve, la batalla por el método experimental, lejos de haberse librado en un terreno estrictamente epistemológico, presentó aspectos mucho más *mundanos,* susceptibles de ser estudiados desde una perspectiva externalista. Naturalmente es mucho lo que queda por hacer en este sentido, mas —sea como fuere— convedría tener presente algo tan obvio como es el hecho de que la historia de la epistemología sea *historia* para bien o para mal. Y, por decirlo nuevamente con palabras de Eugenio Garin, *«la historia, cuanto más precisa trata de ser y más afina sus instrumentos, más claramente revela que su función no es heráldica ni hagiográfica, sino científica: ha de ser crítica, antidogmática, reveladora de la génesis, la complejidad e incluso las complicaciones —a veces turbias y en modo alguno "científicas"— del pensamiento científico»*[25]. Quizás una perspectiva desalentadora para quienes gustan de las visiones simplistas de los hechos históricos, tendiendo a hacerlos más compresibles de lo que realmente son en base a una desencaminada operación demiúrgica, esas dificultades son sin embargo las que hacen que valga la pena el oficio de historiador.

24. Margaret C. Jacob, *The Cultural Meaning of the Scientific Revolution* (Nueva York, Alfred Knopf, 1988), págs. 168-169.

25. Eugenio Garin, «La nuova scienza e il simbolo del 'libro'» *(Rivista Critica di Storia della Filosofia,* vol. XXIX, n.º 3, 1974), pág. 334.

ENSAYO BIBLIOGRÁFICO

Aunque en el último cuarto de siglo el interés de los historiadores de la ciencia se ha diversificado considerablemente, no cabe duda de que los padres de la disciplina tendieron a centrarse de manera cuasiobsesiva en la Revolución Científica de los siglos XVI y XVII, como si su premisa tácita fuera la existencia de una edad heroica de la ciencia —precisamente la que ellos estudiaban— y la de un ulterior período de calma, mucho más gris y anodino, en el que únicamente se habrían sistematizado y retocado los logros heredados. Por ingenua, o incluso simplista, que hoy nos pueda parecer tal concepción, forzosamente habrá que reconocer algunos hitos entre los trabajos clásicos consagrados al tema. Así los *Estudios galileanos* (Madrid, Siglo XXI, 1980) de A. Koyré probablemente continúan siendo la obra más influyente en toda la historia de la disciplina, trascendiendo sin duda la figura de Galileo para ofrecer una sugestiva visión del proceso que aquí nos ocupa. *Los orígenes de la ciencia moderna* (Madrid, Taurus, 1958) de H. Butterfield es la otra gran vía de aproximación a la Primera Revolución Científica, resistiendo magníficamente la comparación con cualquiera de los tratamientos posteriores de dicho problema. Los trabajos de E. J. Dijksterhuis, *The Mechanization of the World Picture* (Oxford, Clarendon Press, 1961), y de R. S. Westfall, *La construcción de la ciencia moderna* (Barcelona, Labor, 1980), son útiles acercamientos al tema desde el punto de vista de la progresiva mecanización de la imagen de la naturaleza en el siglo XVII, si bien todavía inscritos en una tradición historiográfica de corte un tanto clásico; S. Schaffer ha acometido una estimulante revisión de la naturaleza y alcance de esta *mecanización de la imagen del mundo* en su «Godly Men and Mechanical Philosophers: Souls and

Spirits in Restoration Natural Philosophy» *[Science in Context,* vol. 1 (1987)]. La única obra de carácter general que apuesta por un enfoque diferente, y aun provocativo, es el reciete estudio de M. C. Jacob, *The Cultural Meaning of the Scientific Revolution* (Nueva York, Alfred A. Knopf, 1988), que —desde una perspectiva externalista— trata de tender un puente entre la Revolución Científica y la Revolución Industrial, rompiendo abruptamente con las muy extendidas interpretaciones idealistas de dicho proceso.

Las cuestiones filosóficas estuvieron durante mucho tiempo en primer plano dentro de la historiografía de la Revolución Científica, siguiendo la línea abierta por el espléndido trabajo de E. A. Burtt, *Los fundamentos metafísicos de la ciencia moderna* (Buenos Aires, Editorial Sudamericana, 1960), que concedía ya un protagonismo incuestionable a Sir Isaac Newton. Lo mismo ocurría en *Del mundo cerrado al universo infinito* (Madrid, Siglo XXI, 1979) de A. Koyré, que entre otras cuestiones se hacía eco de la importante polémica entre Newton y Leibniz, sobre la que habría de volver en un artículo escrito en colaboración con I. B. Cohen, «Newton and the Leibniz-Clarke Correspondence» *[Archives Internationales d'Histoire des Sciences,* vol. 15 (1962)]. Una aproximación diferente, pero no menos sugestiva, al problema es la de S. Shapin, «Of Gods and Kings: Natural Philosophy and Politics in the Leibniz-Clarke Disputes» *[Isis,* vol. 78 (1981)]. Otros aspectos *filosóficos* del newtonianismo han sido estudiados por D. Kubrin, «Newton and the Cyclical Cosmos: Providence and the Mechanical Philosophy» *[Journal of the History of Ideas,* vol. 28 (1967)] y, muy especialmente, por M. C. Jacob en su *The Newtonians and the English Revolution, 1689-1720* (Ithaca, N. Y., Cornell University Press, 1976), que aborda las implicaciones ideológicas del newtonianismo desde un ángulo hasta entonces inédito.

Los problemas metodológicos y epistemológicos suscitados durante la Primera Revolución Científica cuentan también con una larga tradición historiográfica. Los dos trabajos clásicos son N. W. Gilbert, *Renaissance Concepts of Method* (Nueva York, Columbia University Press, 1960), aunque preste más atención a la retórica que a la ciencia propiamente dicha, y A. Crescini, *Il problema metodologico alle origini della scienza moderna* (Roma, Edizioni dell'Ateneo, 1972). Menos generales, pero probablemente más esclarecedores, son E. McMullin, «Empiricism and the Scientific Revolution» [en C. S. Singleton (ed.), *Art, Science and History in the Renaissance;* Baltimore, The Johns Hopkins University Press, 1968], L. Laudan, «Method and the Mechanical Philosophy» (*History of Science,* vol. 5, 1966), y M. Fehér, «The Rise and Fall of Crucial Experiments» (*Doxa,* vol. 6, 1985). Por lo demás, la aparición de una *filosofía de la ciencia* de corte probabilista al socaire del escepticismo renacentista ha sido objeto de tres importantes trabajos: R. H. Popkin, *La historia del escepticismo desde Erasmo hasta Spinoza* (México, Fondo de Cultura Económica, 1983); H. G. Van Leeuwen, *The Problem of Certainty in English Thought, 1630-1690* (La Haya, Martinus Nijhoff, 1963); y B. J. Shapiro, *Probability and Certainty in Seventeenth-Century England* (Princeton, Princeton University Press, 1983).

Las diferentes disciplinas científicas han merecido una atención desigual por parte de los historiadores. La astronomía, otrora *reina de las ciencias,* se ha llevado la parte del león, destacando —entre una ingente bibliografía— T. S. Kuhn, *La revolución copernicana* (Barcelona, Ariel, 1978), A. Koyré, *La révolution astronomique* (París, Hermann, 1961), y R. S. Westman (ed.), *The Copernican Achievement* (Berkeley, The University of California Press, 1975), mientras que A. Elena, *Las quimeras de los cielos. Aspectos epistemológicos de la revolución copernicana* (Madrid, Siglo XXI, 1985), constituye una tentativa de análisis de las implicaciones epistemológicas de la revolución astronómica. La mecánica, por su parte, cuenta con los clásicos trabajos de R. Dugas, *La mécanique au XVIIe siècle* (Neuchâtel, Editions du Griffon, 1954), y R. S. Westafll, *Force in Newton's Physics. The Science of Dynamics in the Seventeenth Century* (Nueva York, Science History Publications, 1971). La química, una disciplina todavía poco diferenciada, es el objeto de R. P. Multhauf, *The Origins of Chemistry* (Londres, Oldbourne, 1966), si bien su marco temporal desborda el de la Primera Revolución Científica. En cuanto al estudio de las ciencias de la vida durante este período, la obra maestra sigue siendo *Les sciences de la vie dans la pensée française du XVIIIe siècle* (París, Armand Colin, 1963) de J. Roger, que —contra lo que su título da a entender— no se limita ni a Francia ni al siglo XVIII; W. Pagel, *Harvey's Biological Ideas* (Basilea-Nueva York, Karger, 1967) es, no obstante, un complemento obligado. Para el estudio de la medicina renacentista resulta muy útil el volumen compilado por R. K. French e I. M. Lowie, *The Medical Renaissance of the Sixteenth Century* (Cambridge, Cambridge University Press, 1984).

La existencia de una primera fase de la Revolución Científica caracterizada por el predominio de concepciones animistas y vitalistas, frecuentemente vinculadas a la tradición neoplatónica y hermética fue inicialmente mantenida por F. A. Yates en *Giordano Bruno y la tradición hermética* (Barcelona, Ariel, 1983) y «The Hermetic Tradition in Renaissance Science» [en C. S. Singleton (ed.), *Art, Science and History in the Renaissance;* Baltimore, The Johns Hopkins University Press, 1968). A C. Vasoli se debe no sólo una importante antología de textos sobre este problema, *Magia e scienza nella civiltà umanistica* (Bolonia, Il Mulino, 1978), sino también un brillante ensayo en el que se trata de evaluar el significado y alcance de esta orientación del pensamiento científico moderno: «L'influence de la tradition hermétique et cabalistique» [en R. R. Bolgar (ed.), *Classical Influences on Western Thought, A. D. 1650-1870;* Cambridge, Cambridge University Press, 1979). P. Rossi, «Tradizione ermetica e rivoluzione scientifica» (en *Immagini della scienza;* Roma, Editori Riuniti, 1977) es el complemento adecuado en tal evaluación. La tradición paracelsiana ha sido exhaustivamente estudiada por W. Pagel, *Paracelsus. An Introduction to Philosophical Medicine in the Era of Renaissance* (Basilea-Nueva York, S. Karger, 1958), y A. G. Debus, *The Chemical Dream of the Renaissance* (Cambridge, W. Heffer & Sons, 1968) y *The Chemical Philosophy* (Nueva York, Science History Publications, 1977). De la *magia natural,* concepto clave en el seno de este movimiento, se han ocupado P. Zambelli, «Il problema della magia naturale nel Rinascimento» (*Rivista Critica di Storia della Filosofia,* vol. 28, 1973), y D. P. Walker, *Spiritual and Demonic Magic from Ficino to Campanella* (Londres, Warburg Institute, 1958). Importancia capital tiene la monografía de P. Rossi, *Francesco Bacone: dalla magia alla scienza* (Bari, Laterza, 1957), por subrayar adecuadamente la vinculación de esta tradición *mágica* con la práctica artesanal en la obra de Lord Verulam. Sobre esta última es imprescindible otra obra de P. Rossi, *Los filósofos y las máquinas, 1400-1700* (Barcelona, Labor, 1966), a la que muy bien puede servir de complemento B. Gille, *Les ingénieurs de la Renaissance* (París, Hermann, 1964).

Una muy original valoración del papel jugado por esta tradición artesanal, unida a la reformulación de algunas tesis de M. Weber sobre la ética protestante y el espíritu del capitalismo, conformaban ya el estudio clásico de R. K. Merton, *Ciencia, tecnología y sociedad en la Inglaterra del siglo XVII* (Madrid, Alianza, 1984). De entre las innumerables discusiones sobre el mismo convendría retener al menos dos: T. S. Kuhn «La tradición matemática y la tradición experimental en el desarrollo de la física» (en *La tensión esencial;* México, Fondo de Cultura Económica, 1982), que introduce interesantes modificaciones en la tesis de Merton, y G. A. Abraham, «Misunderstanding the Merton Thesis» (*Isis,* vol. 74, 1983), una defensa de las mismas frente a las críticas formuladas a lo largo de más de cuatro décadas. El primer capítulo de C. Hill, *Los orígenes intelectuales de la Revolución inglesa* (Barcelona, Crítica, 1980) incide en estos planteamientos, pero no obstante, las obras clásicas sobre la ciencia inglesa de este período son R. F. Jones, *Ancients and Moderns. A Study of the Rise of the Scientific Movement in Seventeenth-Century England* (St. Louis, The Washington University Press, 1936), C. Webster, *The Greast Instauration: Science, Medicine and Reform, 1626-1660* (Londres, Duckworth, 1975) y M. Hunter, *Science and Society in Restoration England* (Cambridge, Cambridge University Press, 1981). Pese a centrarse en una figura individual, *Robert Boyle and the English Revolution* (Nueva York, Burt Franklin, 1977) de J. R. Jacob constituye una referencia obligada a este respecto. En cuanto a L. Stewart, «The Selling of Newton: Science and Technology in Early Eighteenth-Century England» *(Journal of British Studies,* vol. 25, 1986), tiene la importancia de mostrar cómo efectivamente las aplicaciones tecnológicas del newtonianismo estuvieron a la orden del día y no son una invención de Merton y sus seguidores.

La aparición de las modernas sociedades científicas en el siglo XVII constituye —justificadamente— otro de los grandes temas de la historiografía de la Primera Revolución Científica. La obra clásica de M. Ornstein, *The Rôle of Scientific Societies in the Seventeenth Century* (Chicago, The University of Chicago Press, 1928), aunque anticuada en muchos aspectos, sigue siendo el único estudio general sobre la cuestión; debería no obstante, complementarse con el primer capítulo de J. E. McClellan, *Science Reorganized. Scientific Societies in the Eighteenth Century* (Nueva York, Columbia University Press, 1985). Sí existen, en cambio, buenos trabajos sobre las diferentes sociedades científicas del momento. El caso italiano es estudiado por P. Galluzzi, M. Torrini, M. Cavazza y J.-M. Gardair en sus contribuciones a *Accademie scientifiche del Seicento* (número monográfico de *Quaderni Storici,* vol. 48, 1981), mientras que sobre la Accademia del Cimento contamos con la gran monografía de W. E. K. Middleton, *The Experimenters. A Study of the Accademia del Cimento* (Baltimore, The Johns Hopkins University Press, 1971). H. Brown ofrece un panorama general de las instituciones científicas francesas en su *Scientific Organizations in Seventeenth-Century France* (Baltimore, Williams and Wilkins, 1934), si bien la Académie des Sciences es objeto de un tratamiento pormenorizado y mucho más satisfactorio en R. Hahn, *The Anatomy of a Scientific Institution: The Paris Academy of Sciences, 1666-1803* (Berkeley, The University of California Press, 1971). En cuanto a la Royal Society de Londres, la más estudiada de las sociedades científicas del siglo XVII, no hay paradójicamente ningún buen estudio general. Referencias obligadas son, sin embargo, el artículo de C. Webster, «The Origins of the Royal Society» (*History of Science,* vol. 6, 1967), y la monografía de M. Hunter, *The Royal Society and its Fellows, 1660-1700* (Chalfont St. Giles, The British Society for the History of Science, 1982), cuyas directrices han sido recogidas —a propósito de las relaciones internacionales de la institución— por S. Gómez, A. Milián, C. Moreno y M. J. Pascual en su valioso «Las relaciones internacionales de la Royal Society of London, 1660-1700» (*Sylva Clius,* vol. 1, 1987).

El papel de las universidades durante la Primera Revolución Científica ha sido objeto de acaloradas discusiones desde hace largo tiempo, aunque no siempre fueran éstas de la mano de análisis rigurosos. Entre los trabajos que han reivindicado recientemente la importancia de las universidades para el desarrollo de la ciencia moderna hay que señalar: B. J. Shapiro, «The Universities and Science in Seventeenth-Century England» (*Journal of British Studies,* vol. 10, 1971); R. G. Frank, «Science, Medicine and the Universities of Early Modern England» (*History of Science,* vol. 11, 1973); M. Feingold, *The Mathematicians' Apprenticeship: Science, Universities and Society in England, 1560-1640* (Cambridge, Cambridge University Press, 1984); y J. Gascoigne, «The Universities and the Scientific Revolution: The Case of Newton and Restoration Cambridge» (*History of Science,* vol. 23, 1985).

El hecho de que la historiografía de la ciencia se haya concentrado insistentemente en el estudio de la Revolución Científica no es óbice para que subsistan innumerables zonas de sombra dentro de la misma e incluso problemas apenas examinados o ni tan siquiera considerados. Así, la importancia de la invención de la imprenta para la difusión del conocimiento científico, cuestión sobre la que E. L. Eisenstein ofreciera una excelente síntesis en *The Printing Press as an Agent of Change* (Cambridge, Cambridge University Press, 1978), parece requerir nuevos estudios pormenorizados. Otro tema olvidado por los historiadores, aunque recientemente estemos asistiendo a una evidente proliferación de estudios sobre le particular, es el del papel de la mujer a lo largo de todo este proceso: C. Merchant, *The Death of Nature. Women, Ecology, and the Scientific Revolution* (San Francisco, Harper & Row, 1980), y L. Schiebinger, *The Mind has no Sex: Women and the Origins of Modern Science* (Cambridge, Mass., Harvard University Press, en prensa), son hoy por hoy los textos más relevantes. De la máxima importancia es también el problema de la relación entre la cultura popular y la cultura de las élites en el ámbito de la ciencia: C. Ginsburg, *El queso y los gusanos* (Barcelona, Muchnik, 1981) y «High and Low: The Theme of Forbidden Knowledge in the Sixteenth and Seventeenth Centuries» (*Past and Present,* vol. 73, 1976), y K. Thomas, *Religion and the Decline of Magic. Studies in Popular Beliefs in Sixteenth and Seventeenth-Century England* (Londres, Weindenfeld, 1971), han llevado a cabo interesantes aportaciones al respecto, pero únicamente J. R. Jacob se ha atrevido a ofrecer una primera síntesis y a sugerir una valiosa hipótesis de trabajo en su excelente «"By an Orphean Charm": Science and the Two Cultures in Seventeenth-Century England» [en P. Mack y M. C. Jacob (eds.), *Politics and Culture in Early Modern Europe;* Cambridge, Cambridge University Press, 1986). La relación de cuestiones pendientes sería, sin embargo, tan interminable como la de los logros de la historiografía de la Primera Revolución Científica y desde luego desbordaría los límites de este ensayo bibliográfico. Aquellos lectores insatisfechos con el mismo podrán, no obstante, remitirse a los de R. S. Westfall («The Scientific Revolution»; en *History of Science Society Newsletter*, vol. 15, núm. 3, julio de 1986) y M. C. Jacob (apéndice a *The Cultural Meaning of the Scientific Revolution;* Nueva York, Alfred A. Knopf, 1988) en busca de otras perspectivas o, simplemente, de una más amplia información bibliográfica.

Alianza Universidad

Volúmenes publicados

319 A. J. Ayer: **Parte de mi vida**

320 Cristóbal Colón: **Textos y documentos completos**

321 Lloyd de Mause: **Historia de la infancia**

322 Sir Macfarlane Burnet y David O. White: **Historia natural de la enfermedad infecciosa**

323 Stuart Hampshire: **Spinoza**

324 Marvin Harris: **El materialismo cultural**

325 Ferrán Valls i Taberner, Ferrán Soldevila: **Historia de Cataluña**

326 Talcott Parsons: **El sistema social**

327 Kathleen Newland: **La mujer en el mundo moderno**

328 Anthony Kenny: **Wittgenstein**

329 José Lorite Mena: **El animal paradójico**

330 Joseph D. Novak: **Teoría y práctica de la educación**

331, 332 Edmund Husserl: **Investigaciones lógicas**

333 Jean Piaget y otros: **Investigaciones sobre las correspondencias**

334 Antonio Gómez Mendoza: **Ferrocarriles y cambio económico en España (1855-1913)**

335 Hannah Arendt: **Los orígenes del totalitarismo. 3. Totalitarismo**

336 Svend Dahl: **Historia del libro**

337 Harald Fritzsch: **Los quarks, la materia prima de nuestro Universo**

338 Ramón Tamames: **Estructura económica internacional**

339 Frederick J. Newmeyer: **El primer cuarto de siglo de la gramática generativo-transformatoria (1955-1980)**

340 Pedro Laín Entralgo: **La medicina hipocrática**

341 Richard Sennett: **Autoridad**

342 Julián Zugasti: **El bandolerismo**

343 Curt Paul Janz: **Friedrich Nietzsche, 2**

344 Francisco Tomás y Valiente: **Gobierno e Instituciones en la España del Antiguo Régimen**

345 John Tyler Bonner: **La evolución de la cultura en los animales**

346 Roberto Centeno: **El petróleo y la crisis mundial**

347 Javier Arce: **El último siglo de la España romana (284-409)**

348 Guillermo Araya: **El pensamiento de Américo Castro**

349 Imre Lakatos: **La metodología de los programas de investigación científica**

350 Howard F. Taylor: **El juego del C.I.**

351 Bernard d'Espagnat: **En busca de lo real**

352 Pedro Laín Entralgo: **Teoría y realidad del otro**

353 K. S. Schrader-Frechette: **Energía nuclear y bienestar público**

354 Alvin W. Gouldner: **Los dos marxismos**

355 José Luis Martínez: **Pasajeros de Indias**

356 Julián Marías: **Antropología metafísica**

357 **Policía y sociedad democrática.** Compilado por José María Rico

358 Luis Díez del Corral: **El pensamiento político europeo y la monarquía de España**

359 **Crisis en Europa 1560-1660.** Compilación de Trevor Aston

360 I. Bernard Cohen: **La revolución newtoniana y las transformaciones de las ideas científicas**

361 Leszek Kolakowski: **Las principales corrientes del marxismo, III**

362 José Manuel Sánchez Ron: **El origen y desarrollo de la relatividad**

363 Gustav Henningsen: **El abogado de las brujas. Brujería vasca e Inquisición española**

364 Margaret S. Mahler, Otto F. Kernberg y otros: **Diez años de psicoanálisis en los Estados Unidos (1973-1982).** Compilación de Harold P. Blum

365 E. H. Carr: **Las bases de una economía planificada 1926-1929**

366 Agustín Albarracín Teulón: **La teoría celular**

367 Robin J. Wilson: **Introducción a la teoría de grafos**

368 I. Prigogine e I. Stengers: **La nueva alianza (Metamorfosis de la ciencia)**

369 Teodor Shanin: **La clase incómoda**

370 Pedro Laín Entralgo: **La relación médico-enfermo**

371 Enrique Ballestero: **Teoría económica de las cooperativas**

372 Michael Ruse: **La revolución darwinista**

373 Julián Marías: **Ortega. 1. Circunstancia y vocación**

374 Julián Marías: **Ortega. 2. Las trayectorias**

375 **Paro e inflación. Perspectivas institucionales y estructurales.** Compilación de Michael J. Piore

376 Carlos Pereyra: **El sujeto de la Historia**

377 Howard Newby y Eduardo Sevilla-Guzmán: **Introducción a la sociología rural**

378 Manuel Ballbé: **Orden público y militarismo en la España constitucional (1812-1983)**

379 Anthony A. Long: **La filosofía helenística**

380 Dennis C. Mueller: **Elección pública**

381 M.ª Carmen Iglesias: **El pensamiento de Montesquieu**

382 Rita Vuyk: **Panorámica y crítica de la epistemología de Piaget, 1 (1965-1980)**

383 Juan Marichal: **Teoría e historia del ensayismo hispánico**

384 G. W. F. Hegel: **Lecciones sobre filosofía de la religión. 1. Introducción y concepto de la religión**

385 B. J. McCormick: **Los salarios**

386 Enrique Anderson Imbert: **La crítica literaria: sus métodos y problemas**

387 **Del cálculo a la teoría de conjuntos, 1630-1910. Una introducción histórica.** Compilación de I. Gattan-Guinness

388 Earl J. Hamilton: **El florecimiento del capitalismo**

389 Harlan Lane: **El niño salvaje de Aveyron**

390 Howard E. Gruber: **Darwin sobre el hombre**

391 Gwyn Harries-Jenkins & Charles C. Moskos Jnr.: **Las fuerzas armadas y la sociedad**

392 Pedro Laín Entralgo: **La espera y la esperanza**

393 Carlos Moya: **Señas de Leviatán**

394 Jesús Mosterín: **Conceptos y teorías en la ciencia**

395 Arno J. Mayer: **La persistencia del Antiguo Régimen**

396 E. Roy Weintraub: **Microfundamentos**

397 Antonio Tovar: **Vida de Sócrates**

398 **Cartas de particulares a Colón y relaciones coetáneas.** Recopilación y edición de Juan Gil Fernández y Consuelo Varela

399 Jeremy Cherfas: **Introducción a la ingeniería genética**

400 Adam Ferguson: **Cuando muere el dinero**

401 E. H. Carr: **Historia de la Rusia soviética. Bases de una economía planificada 1926-1929.** Volumen III, parte I

402 E. H. Carr: **Historia de la Rusia soviética. Bases de una economía planificada 1926-1929.** Volumen III, parte II

403 E. H. Carr: **Historia de la Rusia soviética. Bases de una economía planificada 1926-1929.** Volumen III, parte III

404 Paul Veyne: **Cómo se escribe la historia**

405 Paul Forman: **Cultura en Weimar, causalidad y teoría cuántica 1918-1927**

406 Daniel Bell: **Las ciencias sociales desde la Segunda Guerra Mundial**

407 **La nueva historia económica. Lecturas seleccionadas.** Compilación de P. Temin

408 Robert K. Merton: **Ciencia, tecnología y sociedad en la Inglaterra del siglo XVII**

409 Marc Ferro: **La Gran Guerra (1914-1918)**

410 Carlos Castilla del Pino: **Teoría de la alucinación**

411 Douglas C. North: **Estructura y cambio en la historia económica**

412 José Ferrater Mora: **Fundamentos de filosofía**

413 Javier Tusell: **Franco y los católicos**

414 Curt Paul Janz: **Friedrich Nietzsche. 3. Los diez años del filósofo errante**

415 Antonio Domínguez Ortiz y Bernard Vincent: **Historia de los moriscos**

416 Luis Angel Rojo: **Keynes: su tiempo y el nuestro**

417 Jean-Paul Sartre: **El ser y la nada**

418 Juan Pablo Fusi: **El País Vasco. Pluralismo y nacionalidad**

419 Antonio Rodríguez Huéscar: **Perspectiva y verdad**

420 José María López Piñero: **Orígenes históricos del concepto de neurosis**

421 Hermann Heller: **Escritos políticos**

422 Camilo J. Cela Conde: **De genes, dioses y tiranos. La determinación biológica de la moral**

423 Walter Ullman: **Principios de gobierno y política en la Edad Media**

424 Mark Blaug: **La metodología de la economía**

425 Carl Schmitt: **La dictadura**

426 Rita Vuyk: **Panorámica y crítica de la epistemología genética de Piaget, 1965-1980, II**

427 Fernando Vallespín Oña: **Nuevas teorías del Contrato Social**

428 J. M. Jauch: **Sobre la realidad de los cuantos**

429 Raúl Morodo: **Los orígenes ideológicos del franquismo: Acción Española**

430 Eugene Linden: **Monos, hombres y lenguaje**

431 Nicolás Sánchez-Albornoz (Compilación): **La modernización económica de España, 1830-1930**

432 Luis Gil: **Censura en el mundo antiguo**

433 Rafael Bañón y José Antonio Olmeda (Compilación): **La institución militar en el Estado contemporáneo**

434 Paul Hazard: **El pensamiento europeo en el siglo XVIII**

435 Rafael Lapesa: **La trayectoria poética de Garcilaso**

436, 437 Raymond Aron: **Paz y guerra entre las naciones**

438 Geoffrey Parker: **El ejército de Flandes y el camino español, 1567-1659**

439 Oscar Fanjul y Fernando Maravall: **La eficiencia del sistema bancario español**

440 Mario Bunge: **Seudociencia e ideología**

441 Ernst H. Kantorowicz: **Los dos cuerpos del rey**

442 Julián Marías: **España inteligible**

443 David R. Ringrose: **Madrid y la economía española, 1560-1850**

444 Renate Mayntz: **Sociología de la Administración pública**

445 Mario Bunge: **Racionalidad y realismo**

446 José Ferrater Mora: **Unamuno. Bosquejo de una filosofía**

447 Lawrence Stone: **La crisis de la aristocracia, 1558-1641**

448 Robert Geroch: **La relatividad general: de la A a la B**

449 Steven M. Sheffrin: **Expectativas racionales**

450 Paulino Garagorri: **La filosofía española en el siglo XX**

451 Manuel Tuñón de Lara: **Tres claves de la Segunda República**

452 Curt Paul Janz: **Friedrich Nietzsche.** 4. **Los años de hundimiento**

453 Franco Selleri: **El debate de la teoría cuántica**

454 Enrique Ballestero: **Los principios de la economía liberal**

455 E. H. Carr: **El ocaso de la Comintern, 1930-1935**

456 Pedro Laín Entralgo: **Ciencia, técnica y medicina**

457 Desmond M. Clarke: **La filosofía de la ciencia de Descartes**

458 José Antonio Maravall: **Antiguos y modernos**

459 Morton D. Davis: **Introducción a la teoría de juegos**

460 José Ramón Lasuen: **El Estado multirregional**

461 Bhikhu Parekh: **Pensadores políticos contemporáneos**

462 Wassily Leontief y Faye Duchin: **El gasto militar**

463 Francisco Rico: **El pequeño mundo del hombre**

464 Miguel Rivera Dorado: **La religión maya**

465 Miguel Artola: **La Hacienda del siglo XIX**

466 Thomas F. Glick: **Einstein y los españoles**

467 James Tobin: **Acumulación de activos y actividad económica**

468 Bruno S. Frey: **Para una política económica democrática**

469 Ludwik Fleck: **La génesis y el desarrollo de un hecho científico**

470 Harold Demsetz: **La competencia**

471 Teresa San Román (compilación): **Entre la marginación y el racismo**

472 Alan Baker: **Breve introducción a la teoría de números**

473 Jean-Paul Sartre: **Escritos políticos, 1**

474 Robert Axelrod: **La evolución de la cooperación**

475 Henry Kamen: **La sociedad europea, 1500-1700**

476 Otto Pöggeler: **El camino del pensar de Heidegger**

477 G. W. F. Hegel: **Lecciones sobre filosofía de la religión, 2**

478 H. A. John Green: **La teoría del consumidor**